现代创意新思维 DESIGN

十二五高等院校
艺术设计规划教材

建筑装饰手绘技法

——素描

常鸿飞 陈戈 张恒国／编著

U0317190

人民邮电出版社

北　京

图书在版编目（CIP）数据

建筑装饰手绘技法. 素描 / 常鸿飞，陈戈，张恒国
编著. -- 北京：人民邮电出版社，2015.2（2016.12重印）
现代创意新思维·十二五高等院校艺术设计规划教材
ISBN 978-7-115-38051-7

Ⅰ. ①建… Ⅱ. ①常… ②陈… ③张… Ⅲ. ①建筑装
饰－建筑制图－素描技法－高等学校－教材 Ⅳ.
①TU204

中国版本图书馆CIP数据核字(2015)第013788号

内 容 提 要

本书结合环境艺术和建筑装饰行业的特点，系统全面地介绍了建筑装饰素描手绘方法，主要内容包括素描基础、透视原理及应用、家具表现基础、装饰空间表现、建筑组件表现、建筑表现、建筑鸟瞰表现，完整地叙述了建筑与装饰的绘制要点。本书内容丰富，结构安排合理，通过大量精选的典型实例，展示了不同建筑和室内装饰线稿的表现技法。

本书的实例针对性较强，适合作为建筑、装饰、环艺等专业相关课程的教材，对从事建筑装饰设计的相关人员也有较高的参考价值。

◆ 编　著　常鸿飞　陈　戈　张恒国
责任编辑　桑　珊
责任印制　杨林杰

◆ 人民邮电出版社出版发行　北京市丰台区成寿寺路 11 号
邮编　100164　电子邮件　315@ptpress.com.cn
网址　http://www.ptpress.com.cn
北京艺辉印刷有限公司印刷

◆ 开本：787×1092　1/16
印张：12.75　　　　　　　　　2015 年 2 月第 1 版
字数：371 千字　　　　　　　2016 年 12 月北京第 2 次印刷

定价：36.00 元
读者服务热线：(010)81055256　印装质量热线：(010)81055316
反盗版热线：(010)81055315

前言 PREFACE

素描是运用单色线条的组合来表现物体的造型、色调和明暗效果的一种绘画形式，是造型艺术的基础，是锻炼观察能力、分析能力、表现能力和审美能力的重要绘画形式，也是一切绘画的基础。它包含所有造型艺术的基本功，也是初学者进入艺术领域的必经之路。随着科学技术的发展和艺术类专业的细分化，素描在知识结构和学习方法上都发生了很大的变化，传统的素描课程已经不能满足各行各业对素描技法的细分化要求。素描教学应该结合不同的专业特点，有针对性地解决实际问题。

本书针对建筑设计、室内设计、建筑装饰等相关专业对素描教学的需要，以建筑装饰的基本表现方法为主线，介绍了素描的基础知识、单体对象的表现方法，以及在室内装饰和建筑领域的应用，以提高学习者的综合素质与实践能力为目的，通过大量优秀的作品范例，详细、系统地介绍了建筑装饰绘画的手绘方法。

本书具有以下特点：

易懂、基础、重点突出；

简单、易学、方向明确；

专业、实用、针对性强；

精简、实例、文字简洁；

装饰、建筑、内容全面；

理论、实践、学以致用。

本书对基础知识和技法进行细致的讲解，特别对透视等较难理解的内容通过图示和步骤分解的方法讲解，让初学者更容易理解；选取家具、装饰空间、建筑组件、建筑、建筑鸟瞰表现5个典型应用的丰富实例，将素描基础知识与建筑装饰紧密联系，体现专业特点；每个案例都以图文配合的方法说明绘画步骤，加入小技巧，告诉读者绘制某一类对象时的要点和注意事项；提供丰富范例供读者临摹，范例简单，线条清晰，适合初学者临摹学习。

本书由常鸿飞、陈戈、张恒国编著，参编人员有晁清、邹晨、李素珍、魏欣、李松林、杨超、李宏文、张丽、黄硕、卜东东、焦静、陈鑫等。

由于编者水平有限，不足之处在所难免，恳请广大读者指正。

编者

2014年12月

目录 CONTENTS

CHAPTER 1

素描表现基础

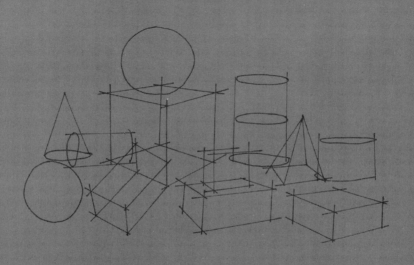

1.1 素描概述

1. 素描的概念

素描是用最简单的工具，以最朴素的绘画语言及手段来表现对象的描绘方法，是绘画中最基本的表现形式。素描的表现方法有两大类，一种是根据物体的结构，着重用线条作画，叫作结构素描；另一种是着重用光线的明暗表现，叫作明暗素描。

2. 基础素描的目的与要求

基础素描是一门以培养造型能力为目的的基础课程。所谓造型能力，具体地讲应包括两方面：一是造型的认识能力，即研究和掌握客观物象的形体结构、透视变化、运动规律等；二是造型的表现能力，即运用造型的规律、法则及造型语言等，在画面上真实地塑造和再观客观物象。在基础素描的学习中，不仅要注重培养正确地观察对象、理解对象和表现对象的能力，还要注重培养正确的思维方法，学会运用艺术规律和形式美的法则准确地表达自己的艺术感受或设计创意。

3. 形体与结构

形体是指物体的形状和体积，是物体存在于空间的外在形式，是体现物体高、宽、深立体性质的造型因素。形体也是素描造型的依据。

结构是指决定物象外在形态的内部结构、各个部位直接的组合构成关系以及构成基本形的几何结构。在素描练习中只要认识并了解物象的形体结构特点、结构关系及组合规律，并能自觉地从内在本质上表现形体的特征，就会画得深入、画得准确。建筑装饰绘画要将对象的形体结构表现准确。

4. 建筑装饰的表现与素描

建筑装饰中对象、形体和空间的表现，离不开素描基础知识。我们需要用线条表现出对象的外形和细节，用透视原理来表现对象的空间，用线条的疏密表现对象的特点、造型、质感和细节等因素。建筑装饰透视图形的表现，就是重复地表现对象的形体、结构和透视的过程，因此素描是建筑装饰表现的基础，对素描的基础理论和应用要有足够的重视。下面两幅图分别是透视原理和明暗关系在建筑装饰中的应用。

透视中"近大远小"的原理在画面中的应用

通过线条的疏密表现对象的结构和质感

1.2 画线练习

　　刚开始学习手绘时，练习画线是十分必要的。线条是表现对象的重要语言，不同的线可以表达不同的意思。线条是素描的灵魂和生命，要经常画一些不同的线条，并用它们来组合一些不同的形体。线条的好坏能直接反映一个人水平的高低。下面给出了一些不同特点的线，可参考并反复练习。

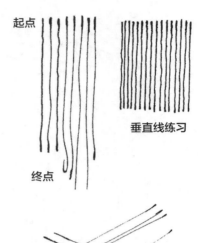

垂直线练习

起点 终点

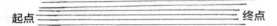

水平直线练习

　　直线：要有起笔、运笔、收笔，要有快慢、
　　　　　轻重的变化，线要画得刚劲有力。
　　斜线：要画得舒展、流畅、有张力。
　　波纹线：要画得优美、浪漫。
　　线的练习是徒手表现的基础。线是造型艺术中最重要的元素之一，看似简单，其实千变万化。徒手表现主要是强调线的美感，线条变化包括线的快慢、虚实、轻重、曲直等关系。要把线条画出美感、有气势、有生命力并不容易，要进行大量的练习。开始时可以练习直线、竖线、斜线、曲线等，线条要刚劲有力、刚柔结合、曲直并用；然后再画几何形体。其实也可以在一点透视、两点透视的课程中练习，既练习了线又掌握了空间比例和透视关系。

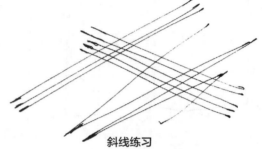

斜线练习

不同的线条练习

1.3 形体和明暗

1. 形体练习

　　练习了各种线的基本画法后，还要学习和了解基本几何体。生活中的物体千姿百态，但归根结底是由方形和圆形两种基本几何形体构成的。特别是室内的陈设，如沙发、茶几、床、柜子等都是由立方体演变而成的，立方体是一些复杂形体的组合基础。因而练习描绘几何体对于我们表现对象是很有帮助的。

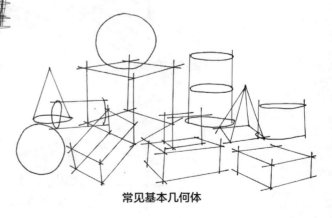

常见基本几何体

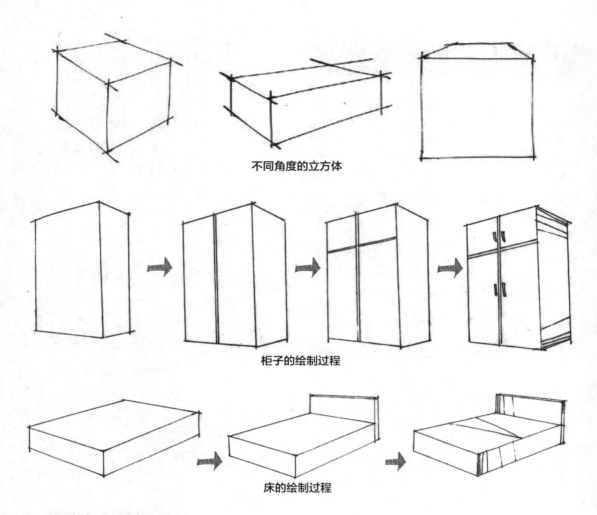

不同角度的立方体

柜子的绘制过程

床的绘制过程

2. 明暗表现方法

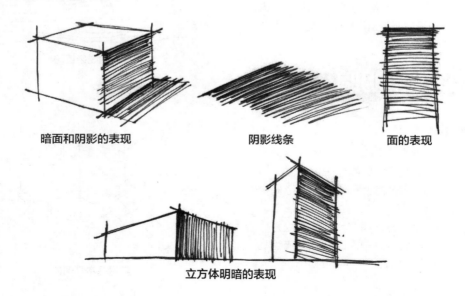

暗面和阴影的表现　　　阴影线条　　　面的表现

立方体明暗的表现

EXERCISE 课后 练习

1. 了解建筑素描的特点。
2. 反复练习绘制不同的线条，并体会不同线条的特点。
3. 练习表现简单的几何体。
4. 练习表现对象的明暗，并理解明暗的表现方法。

CHAPTER 2

透视原理及应用

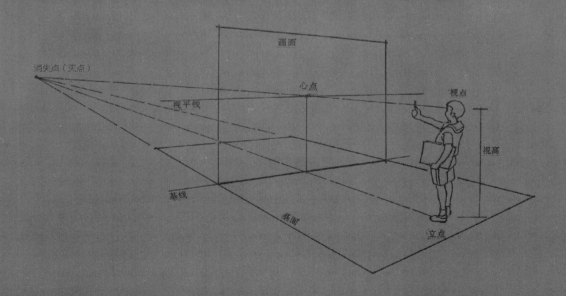

2.1 透视的基本原理

透视就是指在平面上再现空间感、立体感的方法。在平面画幅上，根据一定的原理，用线条来显示物体的空间位置、轮廓和投影的科学称为透视学。透视学研究科学、规则地再现物体的实际空间位置，研究总结物体形状变化和规律的方法。学习和了解透视原理，对手绘来说是十分重要的。

透视方法的定义，简单地说就是把眼睛所见的景物投影在一个平面，在此平面上描绘景物。在透视的投影中，观者的眼睛称为视点，而延伸至远方的平行线会交于一点，称为消失点。透视图中凡是变动了的线称为变线，不变的线称为原线。要记住近大远小，近实远虚的规律。常见的透视方法包括一点透视、两点透视和三点透视。

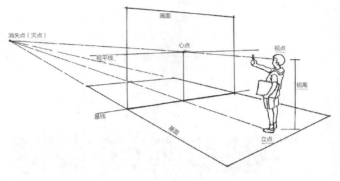

透视原理示意图

1. 一点透视

一点透视亦称平行透视，是一种最基本、最常用的透视方法。物体的两组线，一组平行于画面，另一组水平线垂直于画面，聚集于一个消失点。一点透视的表现范围广，纵深感强，适合表现庄重、严肃的室内空间，适合表现范围广、比较平稳、纵深感强的画面。通常一张平行透视图能一览无余地表现一个空间。

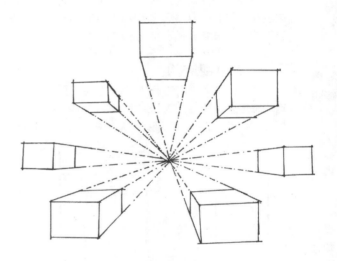

一点透视

2. 两点透视

物体有一组垂直线与画面平行，其他两组线均与画面成一角度，而每组有一个消失点，共有两个消失点，称为两点透视，也称成角透视或余角透视。两点透视的画面效果比较自由、活泼，能比较真实地反映空间。缺点是，若角度选择不好易产生变形。例如，放置在基面上的方形物，如果两组竖立面均不平行于画面，且各棱角分别消失在两个消失点上，那么这时所产生的透视现象就是两点透视。

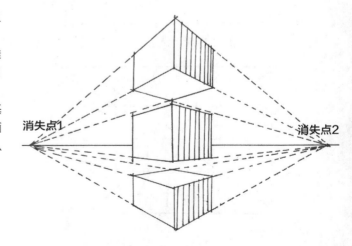

消失点1　　　　　　　　　　　　　　　消失点2

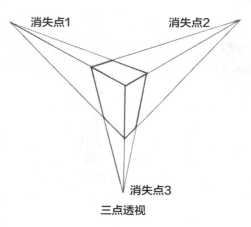

三点透视

3. 三点透视

物体的三组线均与画面成一个角度，三组线消失于三个消失点；也称斜角透视。三点透视多用于高层建筑的透视。三点透视具有强烈的透视感，特别适合表现高大的建筑和规模宏大的城市规划、建筑群及小区住宅等。

2.2 透视的应用

透视是一种表现三维空间的制图方法，只有在理解和领会的基础上再去运用，才能真正地达到掌握透视的目的。要灵活应用透视，首先要理解常用透视类型的特点，然后根据实际应用中所要表现对象的特点，选择合适的透视类型和透视角度来表现画面。

1. 一点透视应用

掌握正确、简便的透视规律和方法对于手绘表现至关重要。其实手绘表现图很大程度上是在用正确的感觉来画透视，要训练出落笔就有好的透视空间感。透视感觉往往与构图和空间的体量关系息息相关，有了好的空间透视关系来架构画面，一个画面似乎已经成功了一半。

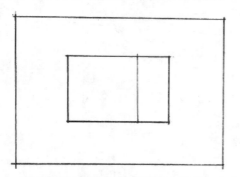

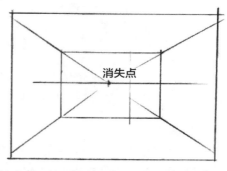

先画出两个矩形，然后画出水平线，在水平线上找出消失点，然后沿着矩形的顶点向内画透视线。

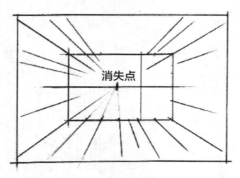

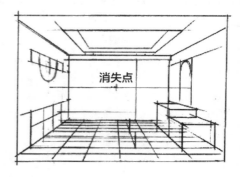

进一步画透视线，所有的透视线都消失于消失点，然后根据画出的透视线，画出房间的顶部、墙面和地面。

在练习使用一点透视时，要点在于找准"一线一点"。"一线"指的是视平线，也就是画图时眼睛所处的水平位置；"一点"指的则是视觉焦点，也就是眼睛聚集的一个点。两点透视和一点透视类似，只是多了一个消失点。

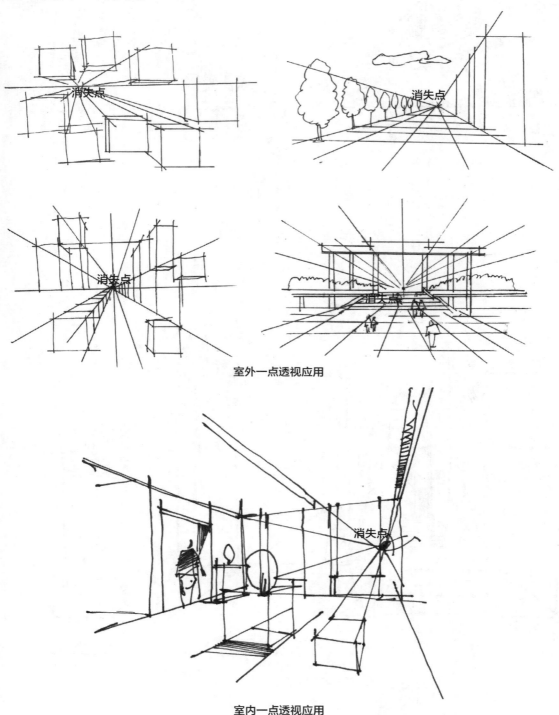

消失点

消失点

消失点

消失点

室外一点透视应用

消失点

室内一点透视应用

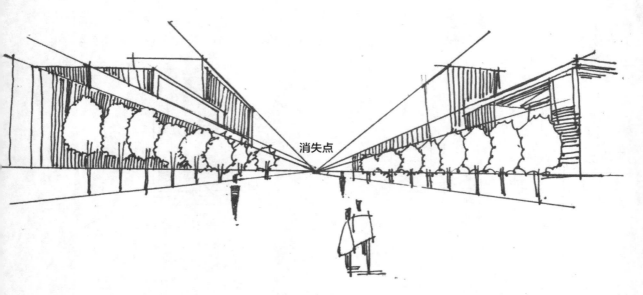

消失点

景观一点透视应用

街道一点透视练习

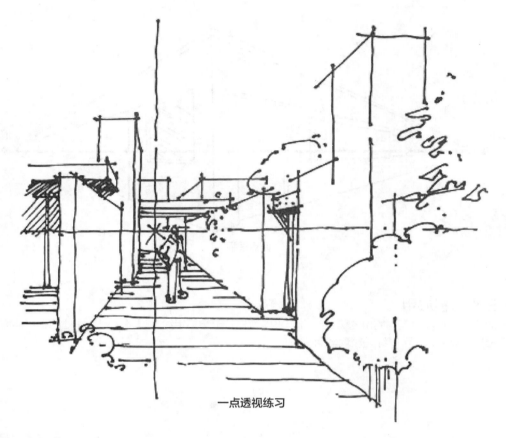

一点透视练习

2. 两点透视应用

通过对不同建筑及室内空间透视应用的练习，可以进一步帮助我们理解透视的原理。

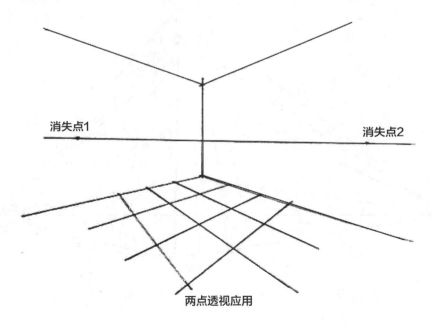

消失点1　　　　　　　　　　　　　　　　　　消失点2

两点透视应用

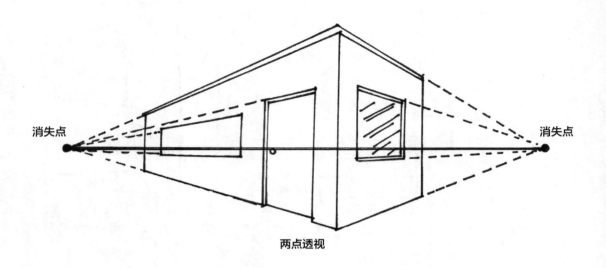

两点透视

3. 三点透视应用

　　把透视的基本原理与简单的场景结合起来练习，对于学习手绘来说是十分有好处的，这样既可以练习透视的应用，又可以练习表现画面。

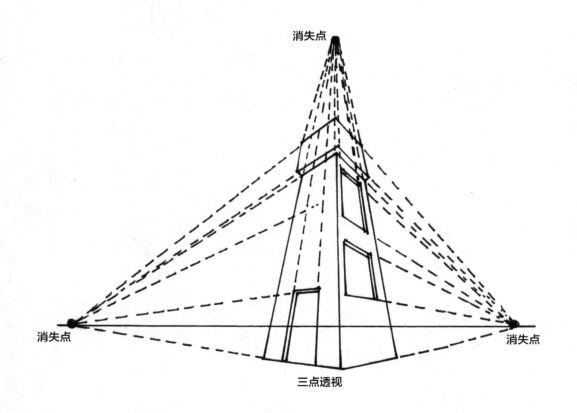

三点透视

4. 不同视点透视分析

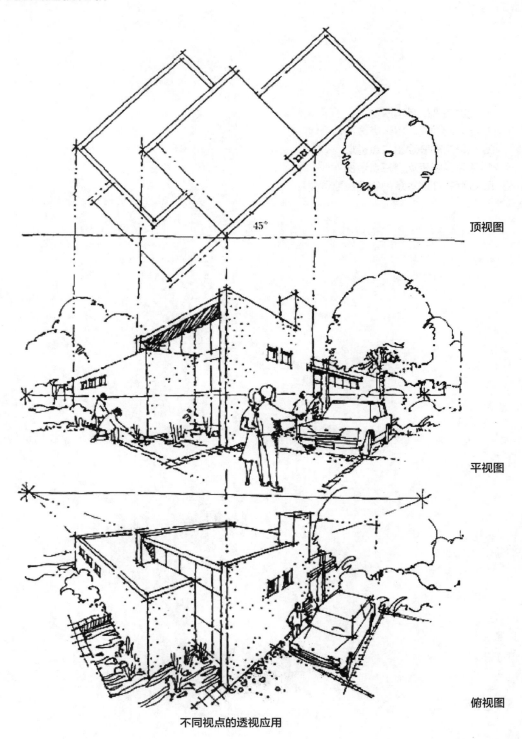

顶视图

平视图

俯视图

不同视点的透视应用

1. 理解透视的基本原理。
2. 练习用图表现出一点透视。
3. 练习用图表现出二点透视。
4. 练习用图表现出三点透视。
5. 临摹并理解本章中的透视范例图片。

CHAPTER 3

家具的表现基础

家具比较常见，也是学习手绘的比较好的入门材料。本章中我们练习画一些不同的家具，来了解对象形体的表现方法、步骤和技巧，同时也为进一步的学习做好铺垫。

3.1 家具的绘制步骤

1. 休闲椅的绘制步骤

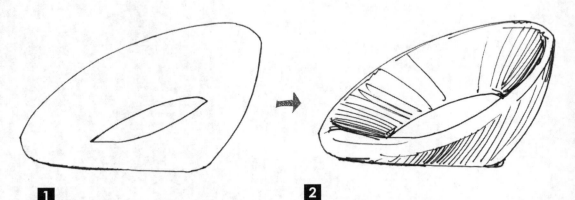

1

先用线条勾勒出椅子座位的外形轮廓。

2

接着画出椅子的座位的厚度，然后沿着厚度和内侧结构画线。

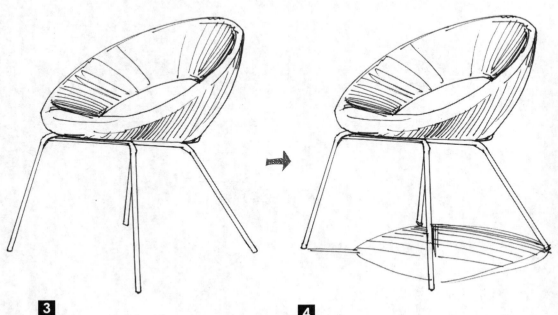

3

在座位的下面勾勒出椅子的腿部。

4

最后在椅子的腿部画出阴影的轮廓，并在阴影轮廓内画线。

2. 单人椅的绘制步骤

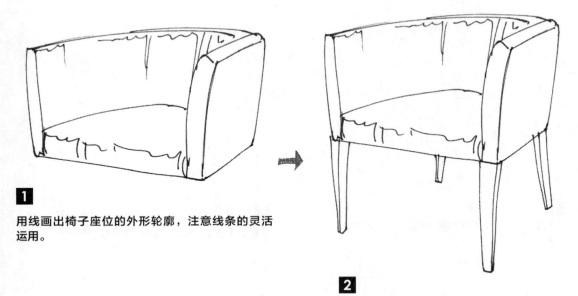

1

用线画出椅子座位的外形轮廓，注意线条的灵活运用。

2

接着画出椅子的腿部，注意透视的准确性。

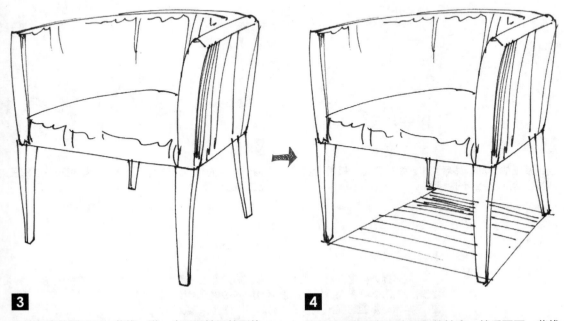

3

在椅子座位侧面画一些线，进一步强调椅子的形体。

4

沿着椅子的腿部画出阴影的轮廓，然后再画一些线条，完善阴影。

3. 单人沙发的绘制步骤

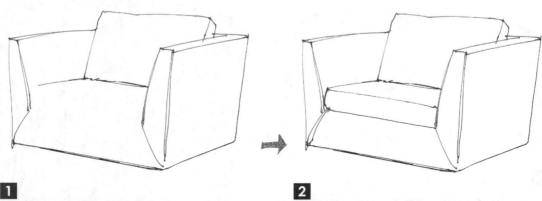

1

先用长线条画出沙发的大体轮廓，表现出沙发的形体和结构特点。

2

接着画出坐垫的厚度，将沙发的形体画完整。

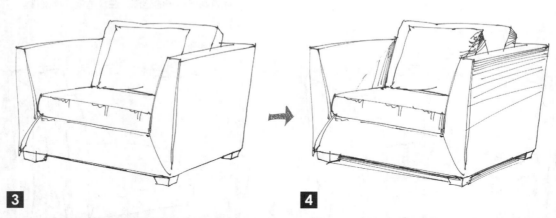

3

画出沙发的腿部，然后画出沙发的靠垫，接着沿着沙发坐垫画出坐垫的褶皱线。

4

沿着沙发的结构给沙发的侧面、靠垫和沙发底部画出阴影，突出沙发的形体结构。

小技巧

　　在表现单体对象时，在对象的形体转折处画一些线，可以表现出对象的暗面，突出对象的形体。在对象的底部沿着对象的形体画出线条，可以表现出对象的阴影。对象结构和阴影的表现是十分重要的，可以使对象表现得更加充分。

4. 小桌子的绘制步骤

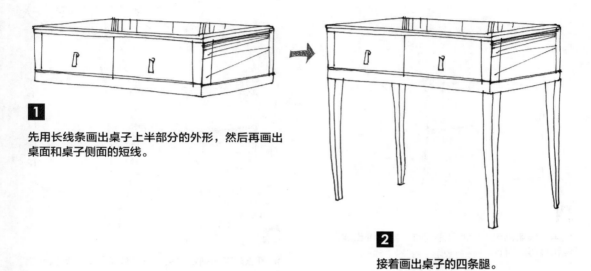

1

先用长线条画出桌子上半部分的外形，然后再画出桌面和桌子侧面的短线。

2

接着画出桌子的四条腿。

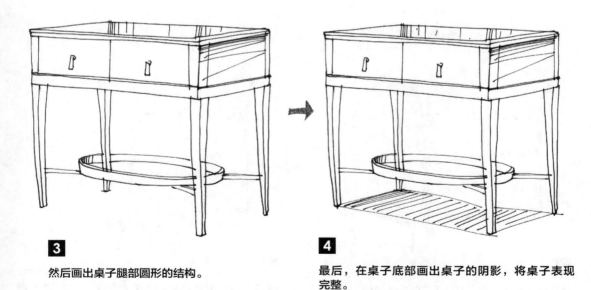

3

然后画出桌子腿部圆形的结构。

4

最后，在桌子底部画出桌子的阴影，将桌子表现完整。

5. 休闲沙发的绘制步骤

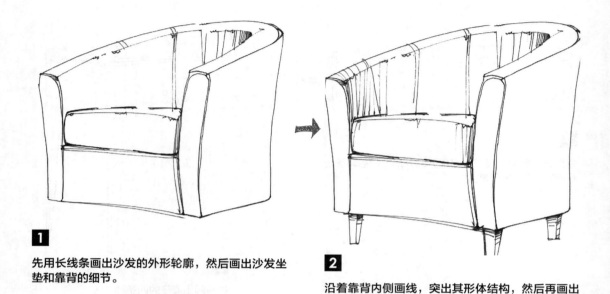

1

先用长线条画出沙发的外形轮廓，然后画出沙发坐垫和靠背的细节。

2

沿着靠背内侧画线，突出其形体结构，然后再画出沙发的腿部。

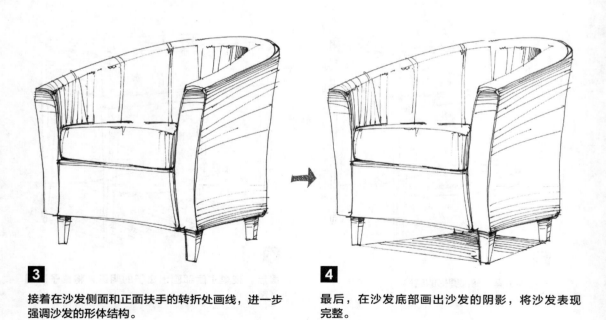

3

接着在沙发侧面和正面扶手的转折处画线，进一步强调沙发的形体结构。

4

最后，在沙发底部画出沙发的阴影，将沙发表现完整。

6. 小柜子的绘制步骤

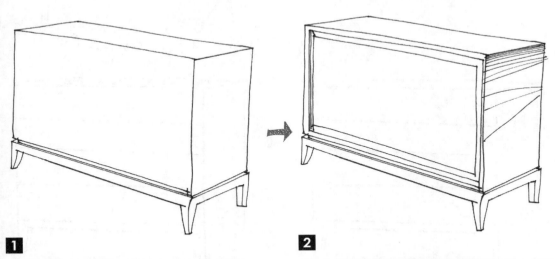

1

先用长线条画出柜子的外形轮廓和腿部的结构，注意将透视画准确。

2

在柜子的正面画线，表现出柜子正面的结构，然后在侧面沿着柜子的结构画线。

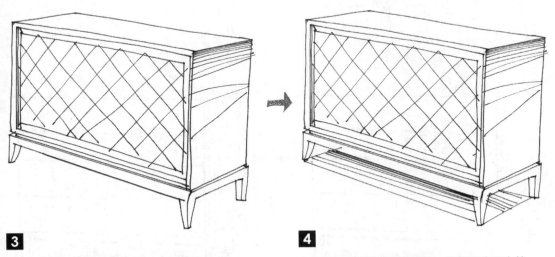

3

在柜子的正面交叉画线，表现出柜子正面的特点。

4

在柜子底部画出柜子的阴影，将柜子表现完整。

7．床头柜的绘制步骤

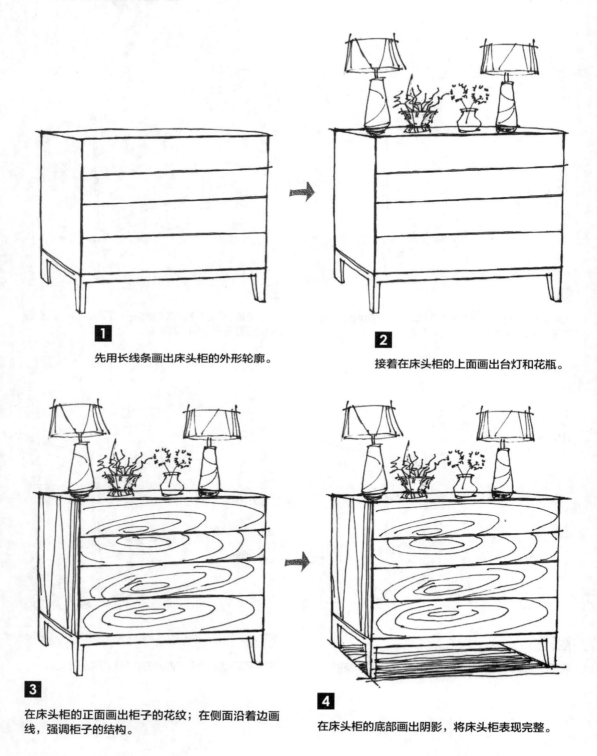

1

先用长线条画出床头柜的外形轮廓。

2

接着在床头柜的上面画出台灯和花瓶。

3

在床头柜的正面画出柜子的花纹；在侧面沿着边画
线，强调柜子的结构。

4

在床头柜的底部画出阴影，将床头柜表现完整。

8. 布艺沙发的绘制步骤

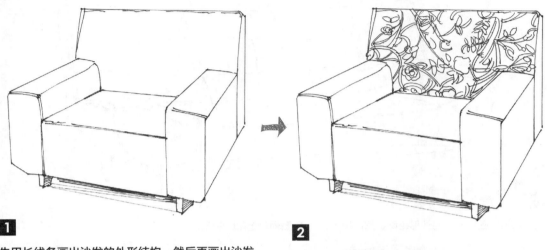

1

先用长线条画出沙发的外形结构，然后再画出沙发的腿部和底部的阴影。

2

接着在沙发的靠背上画出花纹。

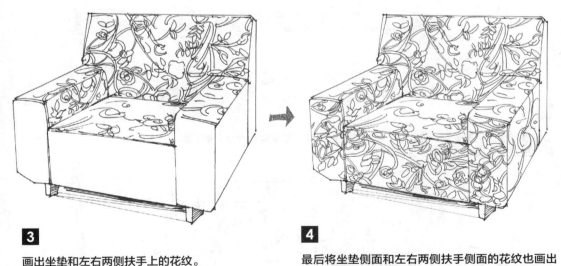

3

画出坐垫和左右两侧扶手上的花纹。

4

最后将坐垫侧面和左右两侧扶手侧面的花纹也画出来，表现出沙发的特点。

小技巧

在表现木材质对象时，要在对象表面画出木纹的纹理线；画布材质对象时，对不同花纹的布料要沿着对象的形体画出布的花纹，布艺效果就可以表现出来了；在表现金属材质时，注意金属反光的不规则要通过疏密不同的线来表现。

9. 休闲沙发的绘制步骤

1

先用长线条画出沙发的外形轮廓，然后再画出沙发靠背和坐垫上的细节。

2

沿着沙发侧面结构的转折处画线，突出沙发的形体，接着再画出沙发的阴影，最后在沙发中间坐垫处画出坐垫的花纹。

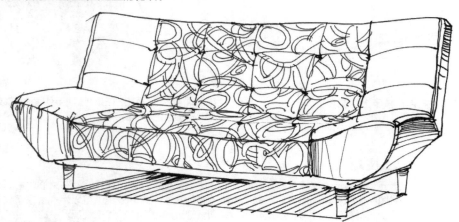

3

在沙发靠背中间部分画花纹，将沙发的特点表现准确。

10. 休闲椅的绘制步骤

1

先分别画出左右两侧椅子的轮廓，然后完善两个椅子的细节。

2

在两个椅子中间画出桌子的外形轮廓和桌子上的杯子，然后用短线表现桌子腿部的结构特点。

3

用短线进一步表现左右两个椅子的结构和形体特点，并画出三个对象的阴影，将画面表现充分。

11. 休闲沙发的绘制步骤

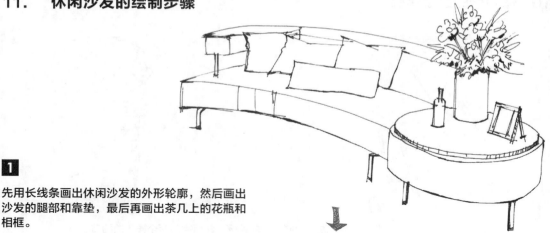

1

先用长线条画出休闲沙发的外形轮廓，然后画出沙发的腿部和靠垫，最后再画出茶几上的花瓶和相框。

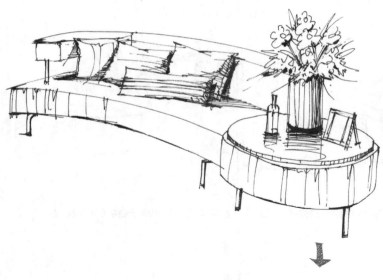

2

用短线条进一步表现沙发、靠垫以及静物的结构和细节，然后画出靠垫的阴影。

3

勾出沙发底部阴影的轮廓，然后在轮廓内部画线，将休闲沙发表现完整。

3.2 家具范例

1. 单体家具

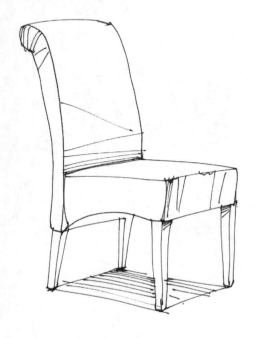

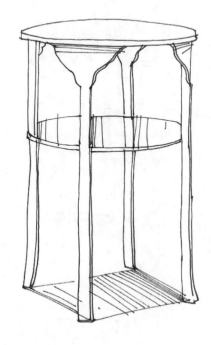

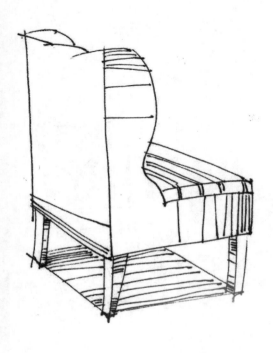

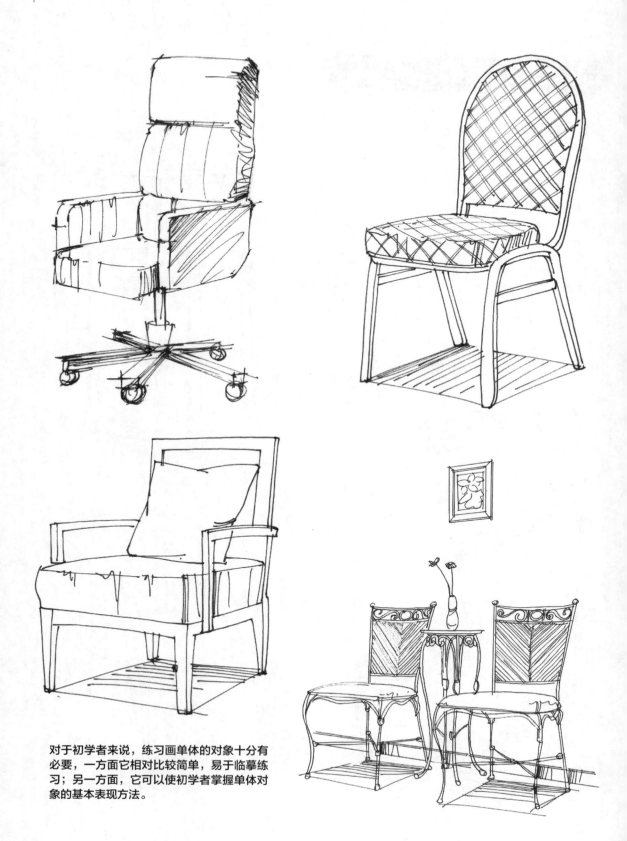

对于初学者来说，练习画单体的对象十分有
必要，一方面它相对比较简单，易于临摹练
习；另一方面，它可以使初学者掌握单体对
象的基本表现方法。

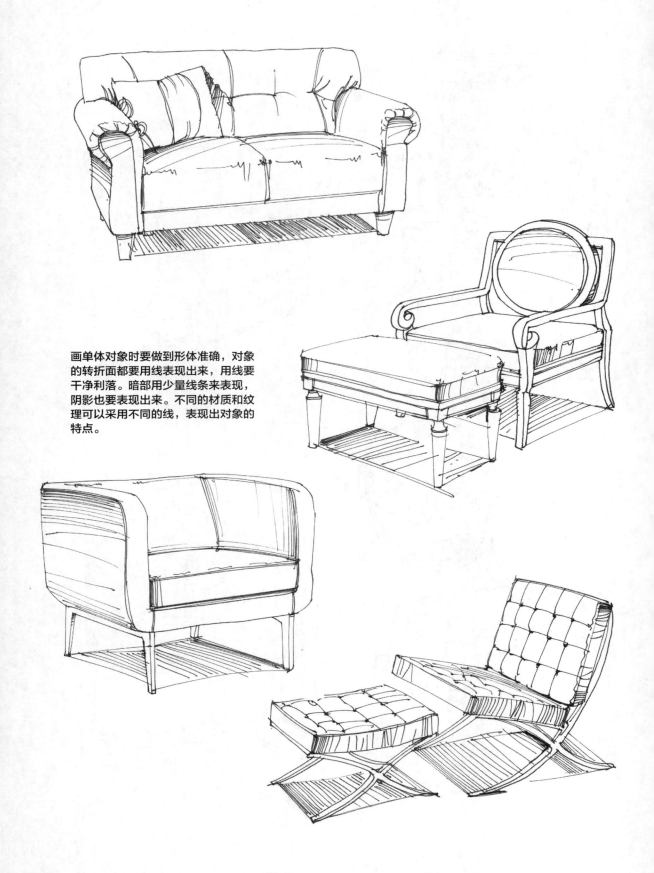

画单体对象时要做到形体准确，对象
的转折面都要用线表现出来，用线要
干净利落。暗部用少量线条来表现，
阴影也要表现出来。不同的材质和纹
理可以采用不同的线，表现出对象的
特点。

对于一些物体，画出它的细节和花纹，能进一步表现其特点。在表现细节的时候，要注意对象的形体，对不同对象的细节和花纹要用不同的笔触来表现。

2. 组合家具

画面中不同风格和功能的家具对表现空间起着十分重要的作用，我们不但要练习表现家具，还要注意家具的风格和用途。

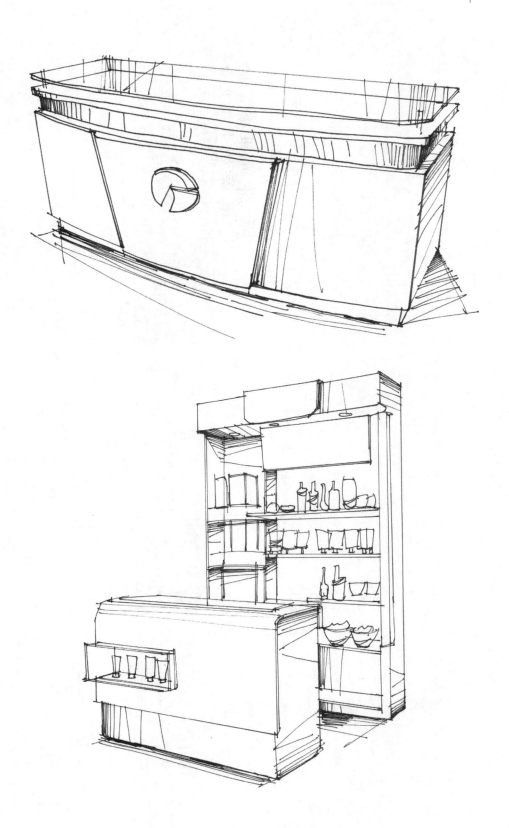

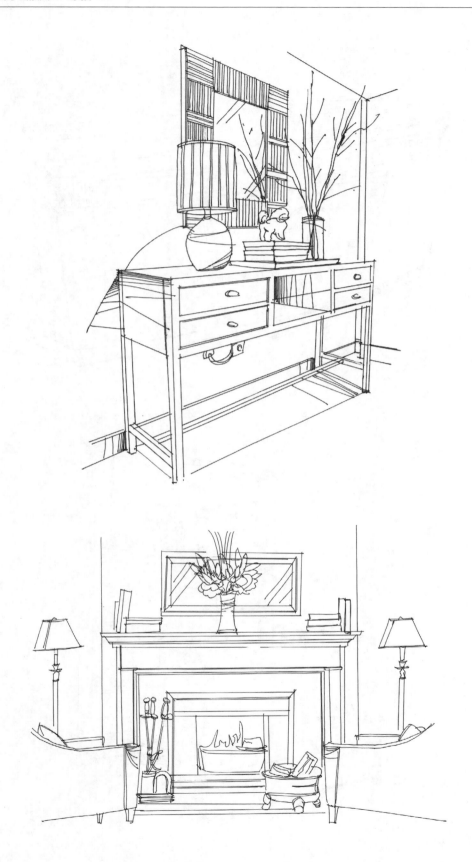

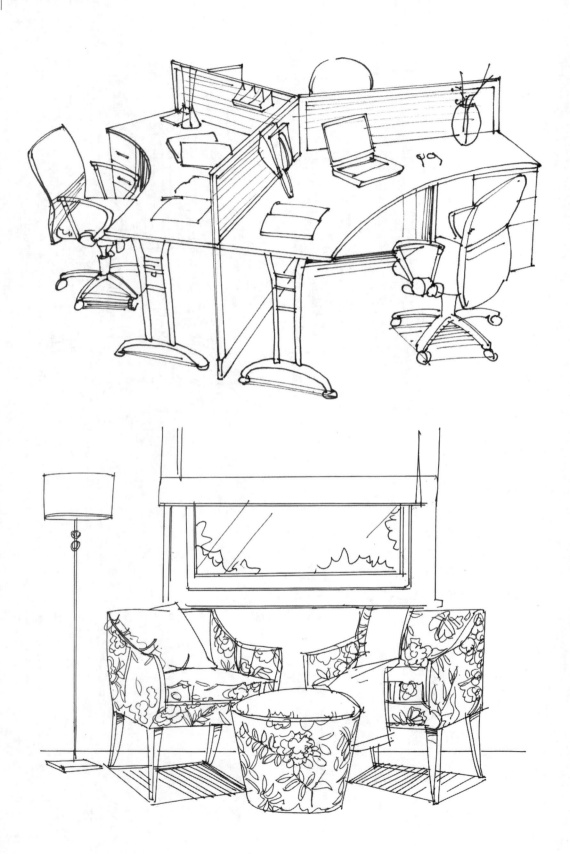

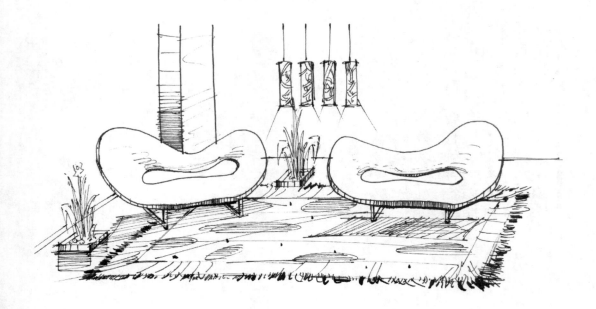

课后
练习

1. 按步骤临摹本章中的椅子练习。
2. 按步骤临摹本章中的沙发练习。
3. 按步骤临摹本章中的休闲沙发练习。
4. 选择本章中的组合家具进行临摹。
5. 选择本章中的组合家具组合局部进行临摹。

CHAPTER 4

装饰空间的表现

在画装饰空间的时候，一般先将大的空间画准确，然后再画空间中的细节和局部。本章中我们练习画出一些不同的空间手绘表现。

4.1 装饰空间分步骤表现

1. 前台装饰的表现

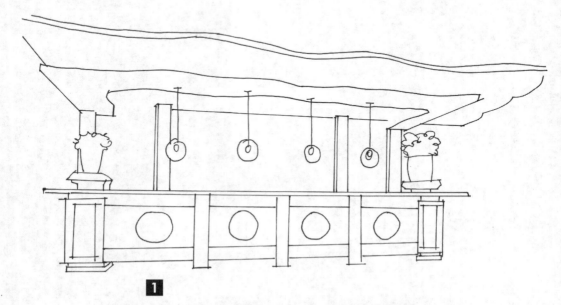

1

先用长线条勾勒出前台装饰造型特点，注意透视准确。

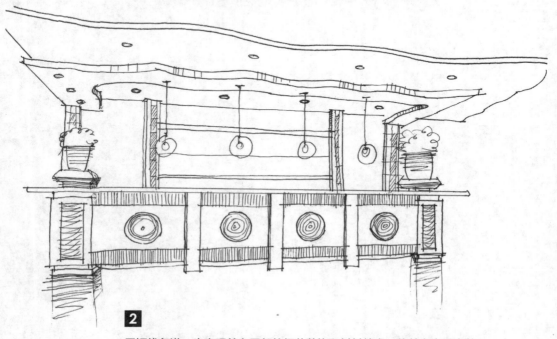

2

用短线条进一步表现前台局部的细节装饰和材料特点，将前台表现完整。

2. 餐厅局部的表现

1

先用长线条勾勒出墙体轮廓线，然后画出餐桌的形体结构。

2

接着画出推拉门和墙面装饰柜的轮廓，然后再画出左侧的花瓶。

3

画出吊灯的造型，然后画出推拉门的图案，完善花瓶的细节。

4

画出左侧墙纸的纹理，然后表现餐桌的暗部和阴影，将餐厅局部表现充分。

3. 卧室局部的表现

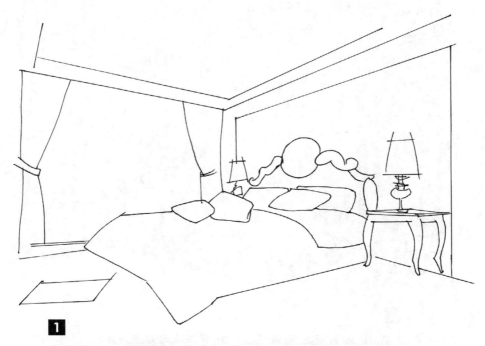

1

先用长线条画出墙体和窗帘的轮廓，然后画出床、床头柜及台灯的轮廓。

2

完善吊顶的结构，再画出窗帘和床头背景墙的造型和结构，然后进一步完善床和床头柜的细节。

3

沿着床的结构，画出床罩的花纹，进一步表现床的细节特点。

4

画出床和床头柜的阴影，然后画出地面毯子的特点，将卧室表现充分。

4. 卧室的表现

1

先用长线条定位出房间的墙线，然后画出吊顶、床、床头柜和电视柜等家具。

2

画出窗帘、床头背景墙和家具的细节，进一步完善画面。

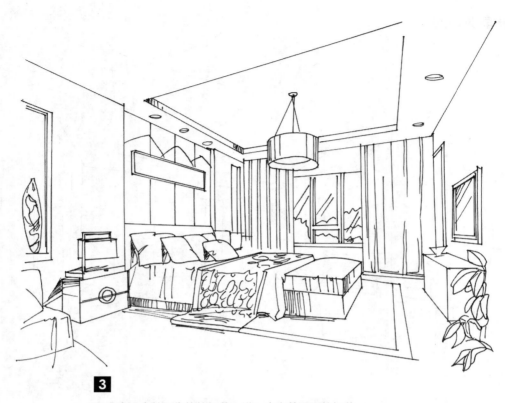

3

画出床、床单和靠垫的细节，进一步完善画面的细节。

4

先画出墙面材料特点，然后画出地毯和地板细节，将卧室效果表现充分。

5. 客厅的表现

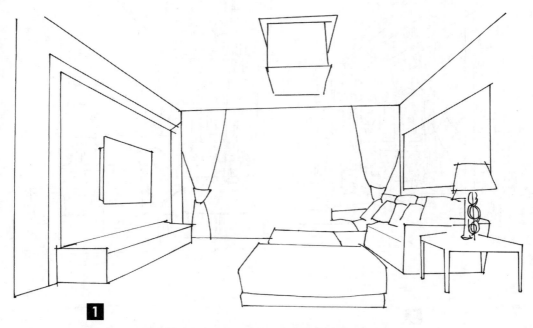

1

用长线条画出客厅透视，然后画出顶灯、窗帘和家具的大体轮廓。

2

用短线条画出吊灯和窗帘的细节，然后进一步完善家具轮廓，并画出地面地砖。

3

画出客厅背景墙的造型，然后画出背景墙的花纹和细节。

4

进一步表现电视柜、沙发等细节，将客厅空间表现完整。

4.2 室内局部空间的表现

小技巧

在表现室内空间时，首先要将透视画准确，然后要注意画面线条疏密得当，画面中要有一个视觉中心，视觉中心的地方要表现得深入一些。

4.3 室内空间的表现

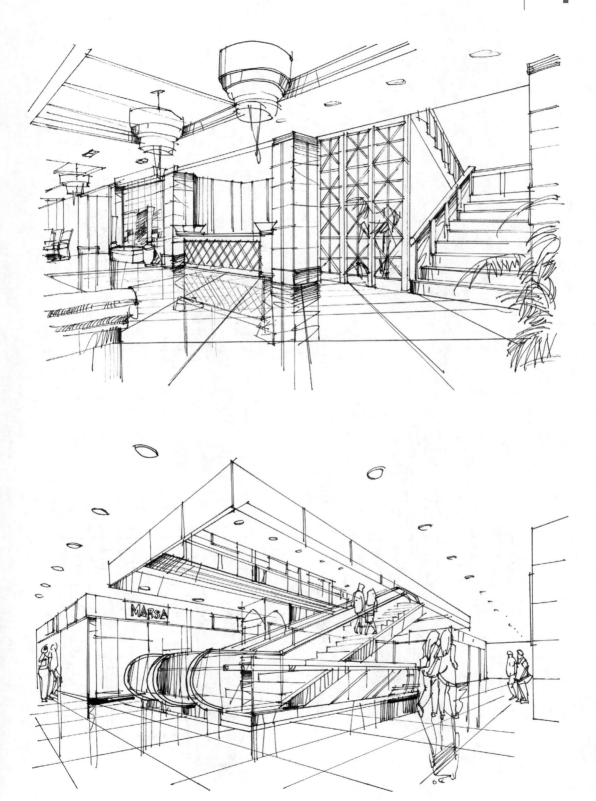

小技巧

　　画面中的细节可以充分表现材质和空间的特点，在画画面中的细节和局部时，先将大的形体结构表现准确，然后再画细节和局部，细节和局部要和大的画面效果协调、统一。

4.4 大厅空间的表现

小技巧

　　在表现地面材质的反光时，可以沿着墙面在地面画出一些线，这样可以将墙面和地面联系在一起，同时地面也有反光的效果。

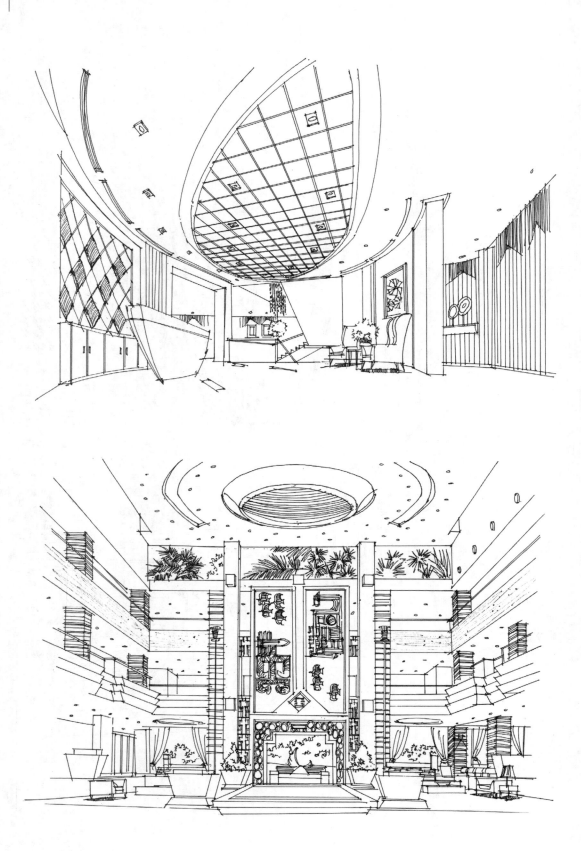

EXERCISE 课后
练习

1. 选择本章中的餐厅范例，按步骤临摹练习。
2. 选择本章中的卧室范例，按步骤临摹练习。
3. 选择本章中的客厅范例，按步骤临摹练习。
4. 选择本章中的家装空间范例，进行临摹练习。
5. 分别选择本章中的公共空间、大厅空间进行临摹练习。

CHAPTER 5

建筑组件的表现

建筑组件是一副建筑图中必不可少的基本构成元素，建筑组件一般包括植物、人物和汽车等。它可以使建筑画面更加完善和美观。

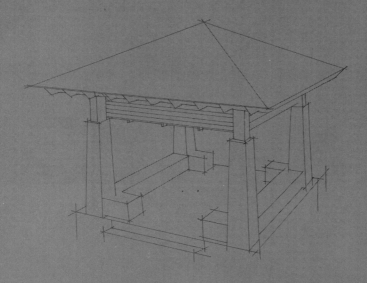

5.1 建筑配件的表现

1. 树木线稿的表现

　　树木是建筑表现中十分重要的配景之一，树木的种类比较多，表现方法各异，下面是一些常见的树木。

2. 汽车的表现

汽车也是常见的建筑配景之一，在表现汽车时，要将汽车大的形体和透视表现准确。

3. 人物的表现

人物可以使画面富有生气，在画建筑表现中的人物配景时，我们只需要表现出人物大的比例、形体和动作即可，五官局部细节可以画的概况一些。下面是一些不同的人物线稿。

5.2 建筑局部的表现

1. 台阶线稿的表现

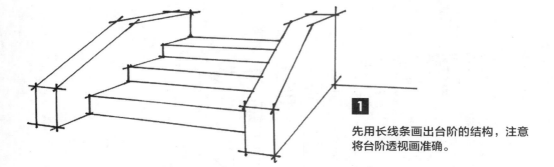

1

先用长线条画出台阶的结构，注意
将台阶透视画准确。

2

先画出阴影的轮廓，然后给暗部画线，
画出阴影，将台阶表现充分。

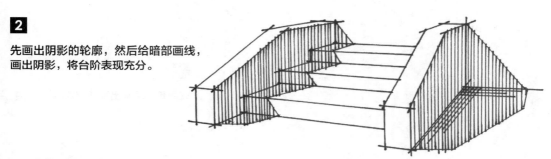

2. 小房子的表现

1

先用长线条画出房子的外形结
构，注意要将透视画准确。

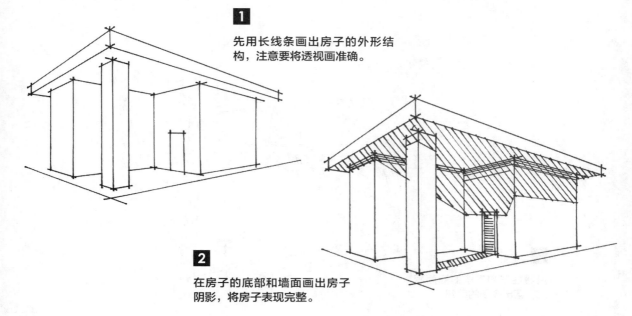

2

在房子的底部和墙面画出房子
阴影，将房子表现完整。

3. 亭子的线稿表现

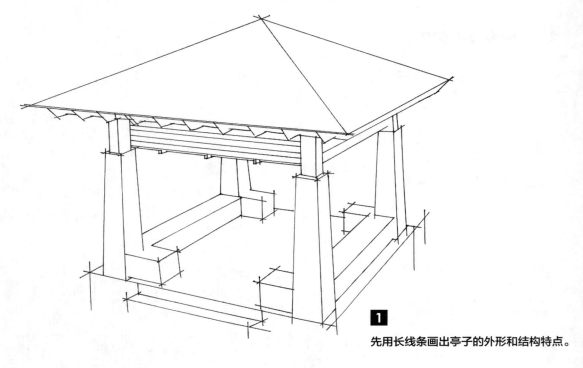

1

先用长线条画出亭子的外形和结构特点。

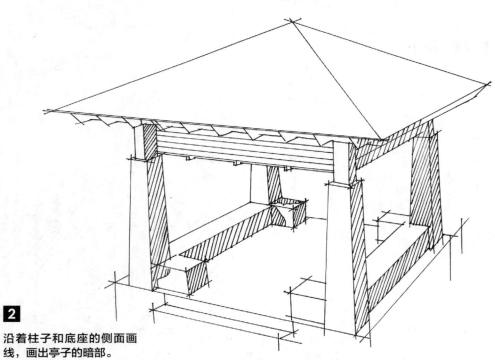

2

沿着柱子和底座的侧面画
线，画出亭子的暗部。

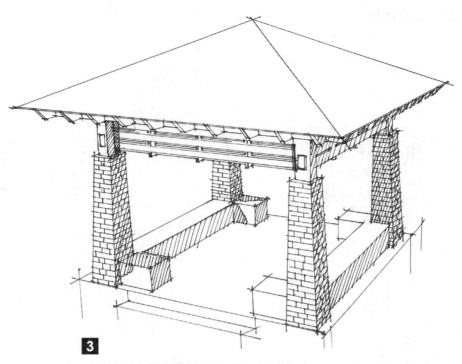

3

画出亭子顶部的细节，然后画出柱子的砖纹。

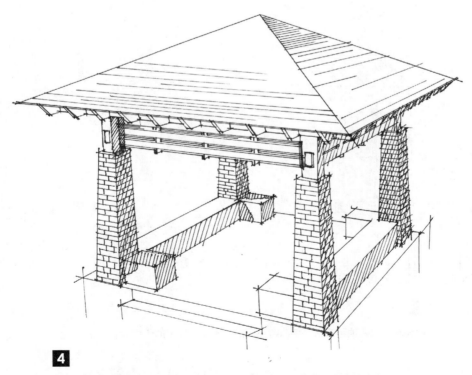

4

画出亭子顶部的细节，进一步完善亭子效果，将亭子表现完整。

4. 门头的线稿表现

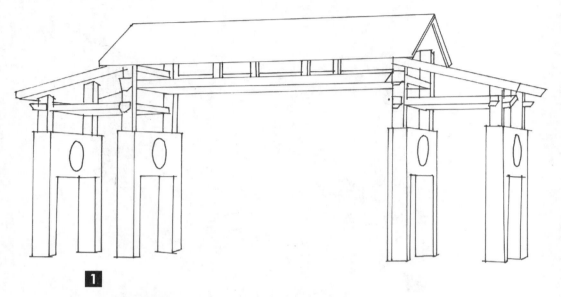

1

先用长线画出门头造型的轮廓，将门头的结构表现准确。

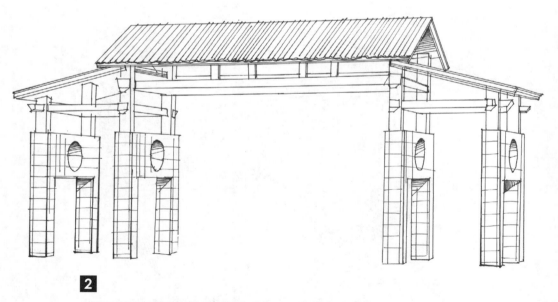

2

用线画出门头顶部的材料结构特点，然后再画出柱子的砖纹。

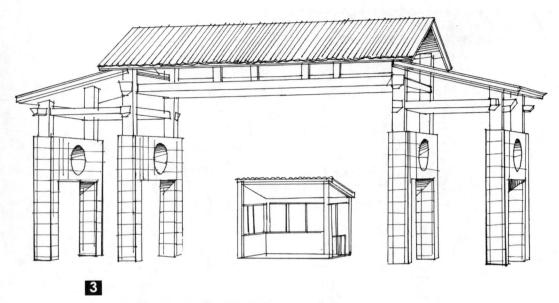

3

在门头中间画出一间小房子，并画出房子的玻璃窗。

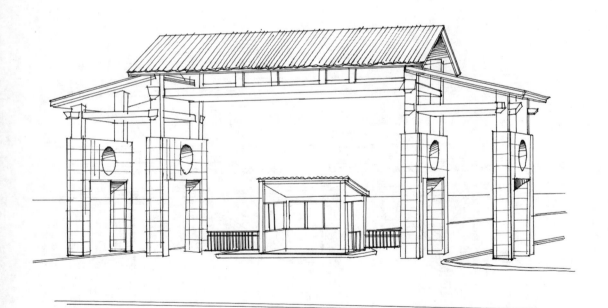

4

画出房子地面的地台，然后画出房子后面的围栏，最后画出地面，将门头效果画完整。

5.3 建筑局部范例

1. 练习临摹本章中的植物、汽车和人物配景。
2. 选择本章中的亭子范例，然后按步骤进行临摹练习。
3. 选择本章中的门头范例，然后按步骤进行临摹练习。
4. 临摹本章中的门头范例。
5. 选择一些建筑构件图片，然后用线表现出来。

CHAPTER 6

建筑的表现

建筑表现是我们学习的难点和重点，我们先学习一些简单建筑的画法，然后再逐步学习复杂建筑，在学习的时候，注意总结和归纳建筑表现的一般方法。

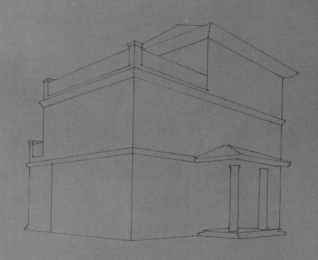

6.1 简单建筑的表现

1. 一层建筑的表现步骤（一）

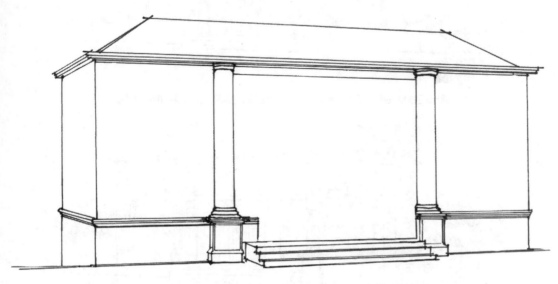

1

先用长线条画出房子的外形轮廓，然后画出屋檐和腰线，接着再画出柱子和台阶。

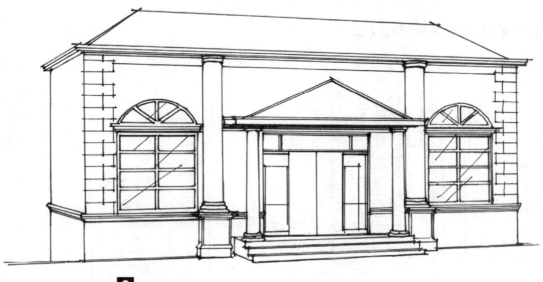

2

先画出门头，接着画出门窗和墙面装饰，画出房子的细节。

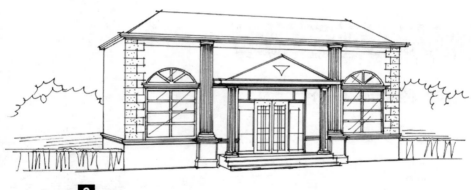

3

画出门柱的细节，然后点出装饰砖的细节，接着画出绿篱和背景的树。

4

画出树木暗部，然后画出地面，将房子效果表现完整。

2. 一层建筑的表现步骤（二）

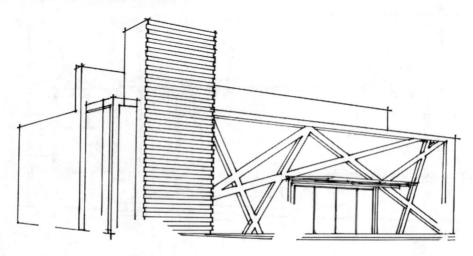

1

先画出房子的形体轮廓，然后画出房子正面的造型和门的轮廓。

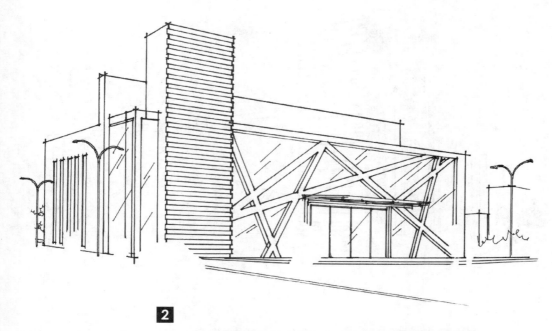

2

画出房子正面的玻璃和侧面的窗户，然后画出路灯和背景的轮廓。

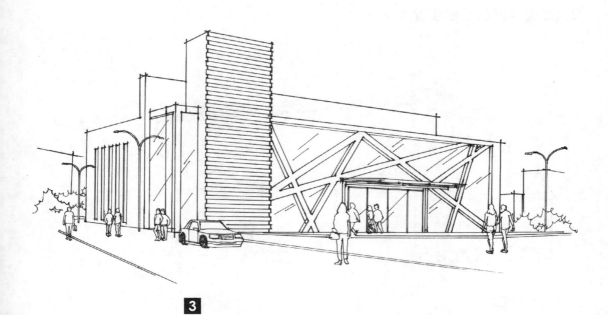

3

画出房子的地面，然后画出人物和汽车配景。

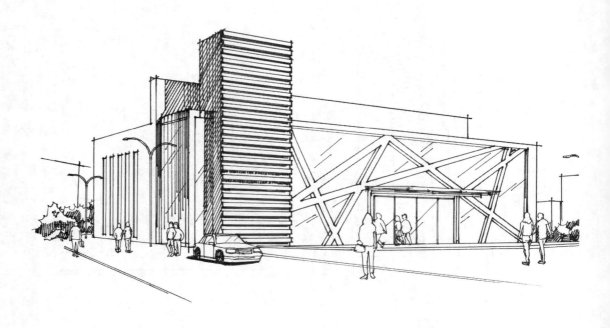

4

画出房子左侧造型的细节，然后画出背景植物的暗部，将画面表现充分。

3. 二层建筑的表现步骤（一）

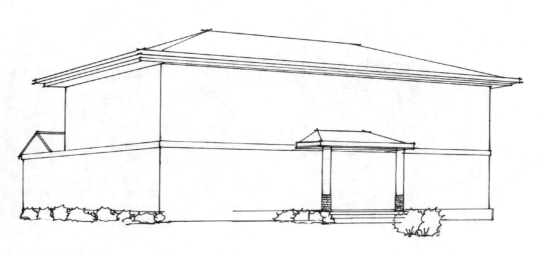

1

先画出房子的大体结构，然后画出房子的屋檐，接着再画出房子周围植物的轮廓。

2

画出房子的窗户和门，进一步完善房子的细节。

3

进一步将房子的窗户和门画完整，然后画出地面和人，接着画出房子背后的树木。

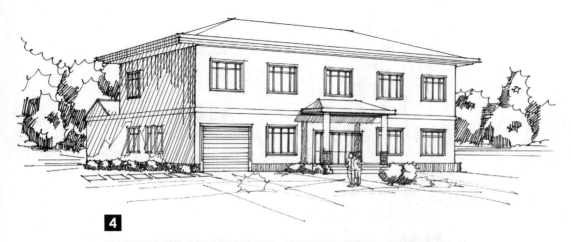

4

接着画出房子的暗面和树木的阴影，表现出房子的明暗，将画面表现充分。

4．二层建筑的表现步骤（二）

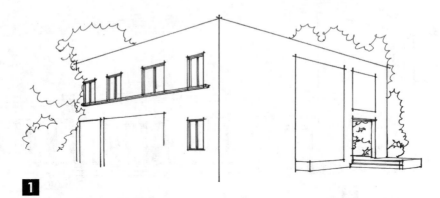

1

先画出房子的轮廓，然后画出门和窗户的大体轮廓，接着画出背景树木的大体轮廓。

2

进一步画出房子的结构和细节，表现出房子的特点。

3

画出房子的地面，然后画出人物和汽车配景，进一步完善背景树木。

4

最后画出背景树木的阴影，将房子效果表现完整。

5. 二层建筑的表现步骤（三）

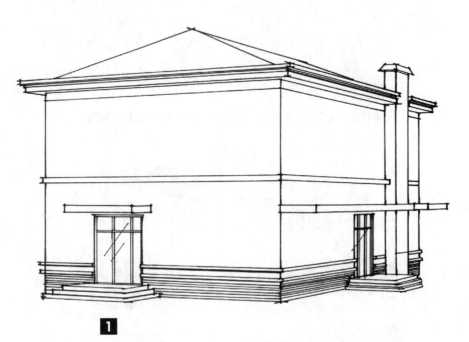

1

先画出房子的外形轮廓，接着画书屋檐、墙裙、门窗和烟囱。

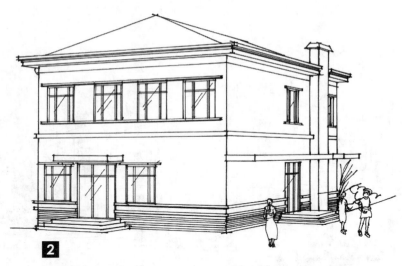

2

接着画出房子一层和二层的窗户，然后画出房子前面的人物配景。

3

画出房子左侧的人物配景，然后勾勒出房子背景的树木轮廓。

4

表现房顶的特点，画出房子暗面的线，然后画出背景树木的阴影，将
画面表现完整。

6. 二层建筑的表现步骤（四）

1

先画出房子的外形轮廓和地面，然后画出树木和地面植物的大体轮廓。

2

画出房子的窗户细节和天窗，然后进一步完善地面。

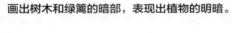

画出树木和绿篱的暗部，表现出植物的明暗。

画出房子的暗部和阴影，然后画出绿篱的阴影，将画面表现完整。

7. 二层建筑的表现步骤（五）

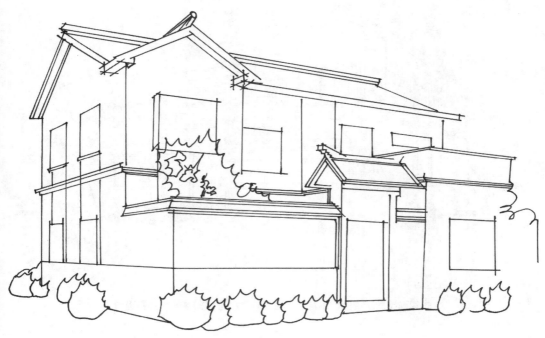

1

用长线条画出别墅的形体结构，然后画出别墅的窗户和门的轮廓，接着画出房子周围的植物。

2

画出别墅窗户和墙体的细节，然后画出人物和地面，接着画出房子周围植物的阴影和暗部。

3

先勾勒出房子周围树木背景的轮廓，然后画出树木的暗部和阴影。

4

画出屋顶瓦块的细节，然后画出别墅暗部的细节，将房子效果表现充分。

8. 二层建筑的表现步骤（六）

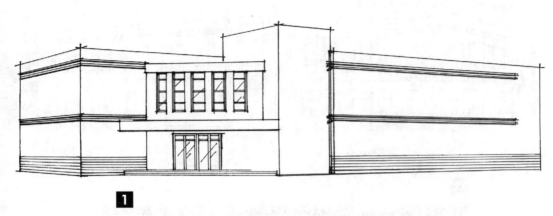

1

先画出房子的外形轮廓，接着画出房子的墙裙和拐角处的窗户和门。

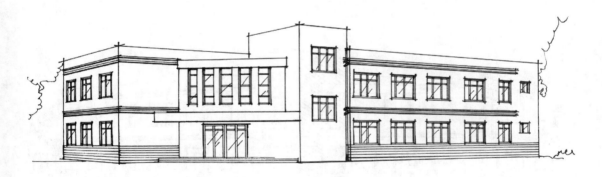

2

依次画出房子左右两侧的窗户，然后画出背景树木的大体轮廓。

小技巧

在表现建筑的时候，一般先画出建筑的主体外形，然后画出门窗等建筑细节，最后再画出周围相关的植物、人物等配景。

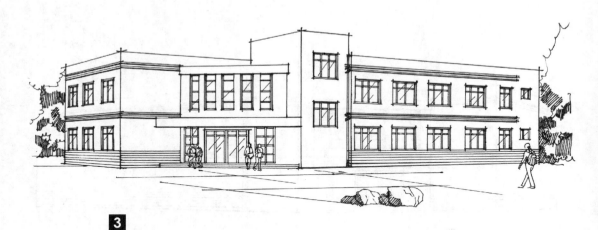

3

画出房子前面的地面，然后画出人物地石块配景，接着画出背景树木的阴影。

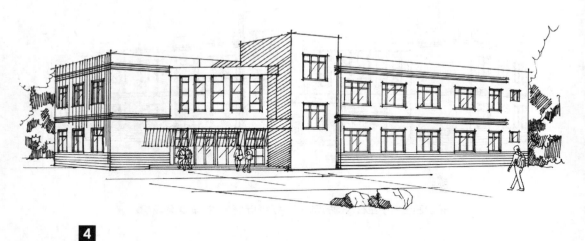

4

画出房子暗部的阴影，表现出房子的明暗，将房子效果表现充分。

9. 二层建筑的表现步骤（七）

1

先用长线条画出建筑的大体结构和轮廓，然后勾勒出周围的树木配景轮廓。

2

分别画出建筑的门和窗户，然后在建筑前面画一些人物配景。

3

分别画出建筑和背景树木的暗部，进一步突出建筑特点，将画面表现充分。

10. 三层建筑的表现步骤（一）

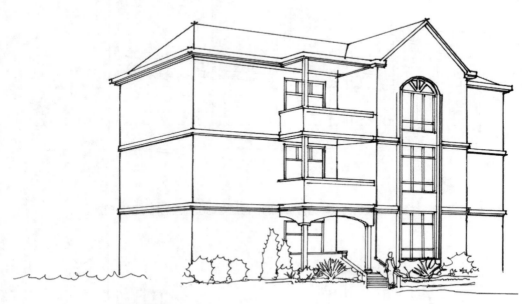

1

先用长线条画出楼体的外形轮廓，然后画出阳台结构和窗户外形，再画出地面和楼前树木的轮廓。

2

画出房子前面的路和地面，然后画出人物，接着勾勒出房子周围树木的轮廓。

3

先画出房子窗户和阳台的围栏，然后画出房子顶部的天窗。

4

先画出房子前面植物绿化的细节和阴影，然后画出背景树木的暗部，将房子效果表现完整。

11. 三层建筑的表现步骤（二）

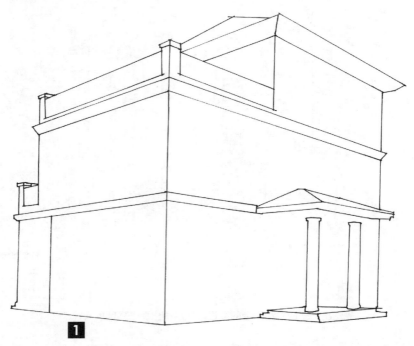

1

先画出房子的外轮廓，然后画出门头、柱子和台阶的轮廓。

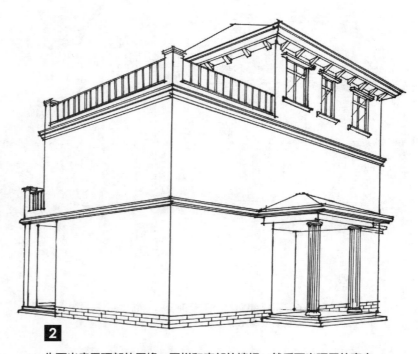

2

先画出房子顶部的屋檐、围栏和底部的墙裙，然后画出顶层的窗户。

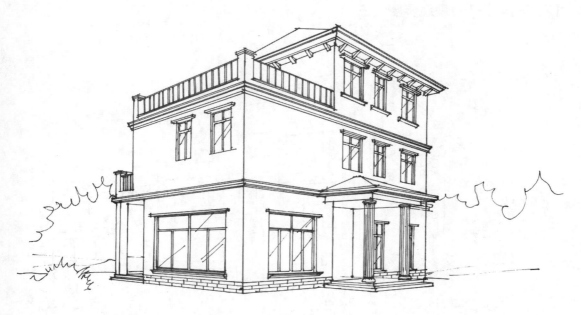

3

画出房子二层和一层的窗户，然后用线勾勒出房子背景植物的轮廓。

4

画出房子的地面，然后画出配景植物的暗部。

12. 三层建筑的表现步骤（三）

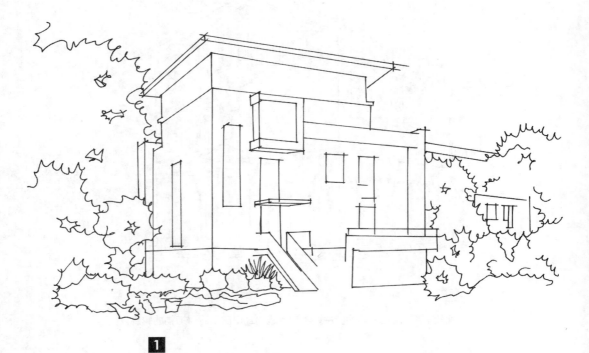

1

先用长线条画出房子的大体轮廓，然后用线画出房子周围树木的轮廓。

2

用短线条画出房子的窗户围栏和楼梯等细节，表现出房子的特点。

3

画出绿篱和背景树木的暗部和阴影，进一步完善画面。

4

画出房子的暗部和阴影，将画面效果表现充分。

13. 三层建筑的表现步骤（四）

1

先用长线条定位出建筑大体的结构，然后画出窗户的轮廓，并勾勒出绿篱和树木的轮廓。

2

画出房子的窗户和墙面的细节，进一步表现出建筑的特点。

3

画出地面和人物配景，接着画出房子周围树木的轮廓。

4

画出房子和周围树木的暗部，将建筑效果表现充分。

14. 多层建筑的表现步骤（一）

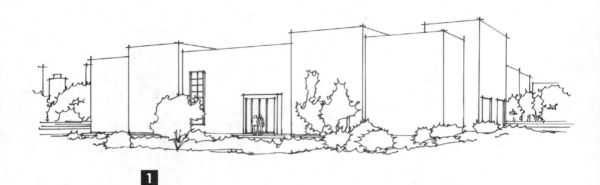

1

先画出建筑的结构和轮廓，然后画出门和周围的植物配景和背景。

2

依次画出建筑的窗户，进一步表现出建筑的细节特点。

3

给建筑暗部和绿篱暗部画线，表现出画面的明暗，将建筑效果表现充分。

15. 多层建筑的表现步骤（二）

1

先画出楼房的外轮廓，然后依次画出窗户的轮廓，接着勾勒出楼前植物的轮廓。

2

依次画出建筑的窗户和门，表现出建筑的细节特点。

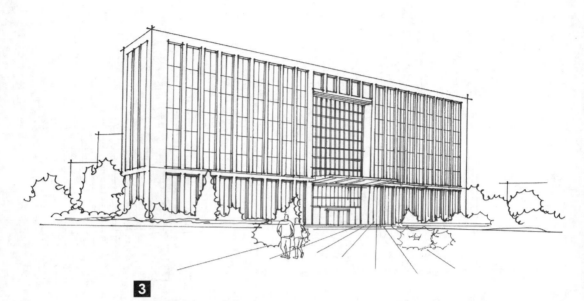

3

画出建筑前的广场地面，然后勾勒出一些植物和人物配景的轮廓。

4

调整并完善画面，画出建筑和植物配景的暗面，突出建筑的特点。

16. 多层建筑的表现步骤（三）

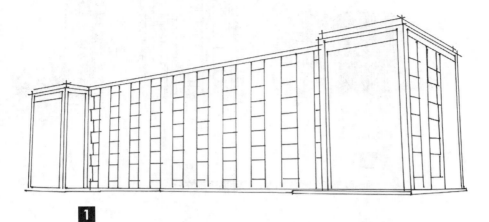

1

先用长线条画出建筑的外轮廓，然后依次画出建筑的窗户轮廓。

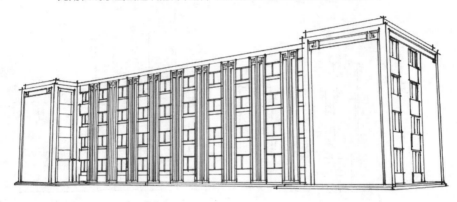

2

画出建筑的窗户及细节特点。

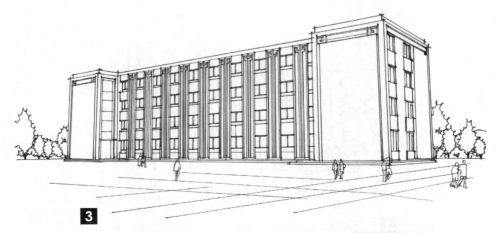

3

先画出建筑前面的广场，然后画一些人物配景，再画出建筑后面的树木配景。

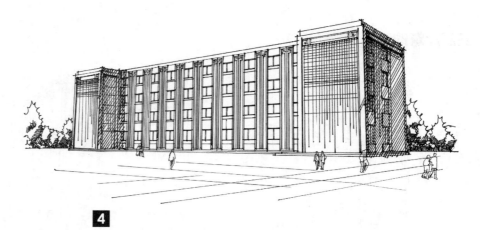

4

画出建筑和配景的暗部，将画面表现充分。

17. 多层建筑的表现步骤（四）

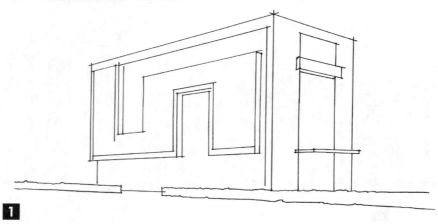

1

先用线条画出楼体的外形轮廓，然后画出楼体外部的大体结构，最后勾勒出楼体前面绿篱的轮廓。

2

完善建筑的结构，然后画出建筑的门窗，突出建筑的形象特点。

3

画出建筑前面的地面和植物配景，然后勾勒出建筑后面的树木轮廓。

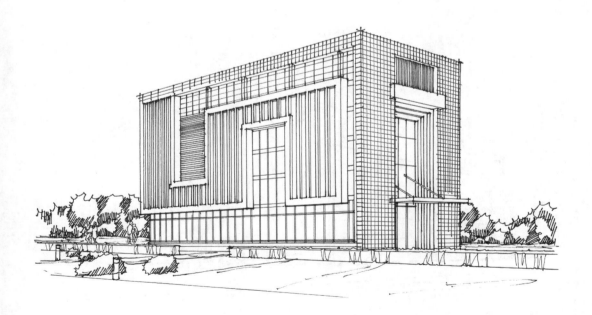

4

先画出建筑表面的砖缝线，然后画出植物配景的暗部，将画面表现充分。

18. 多层建筑的表现步骤（五）

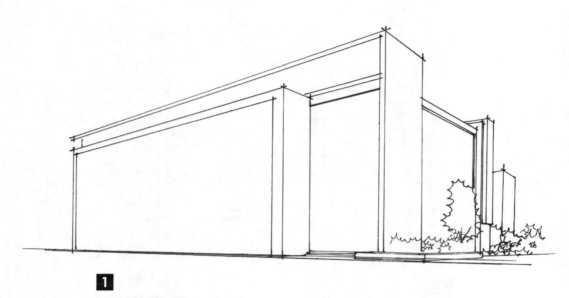

1

先用长线条画出建筑的大体轮廓和结构，然后在右侧画一些植物配景。

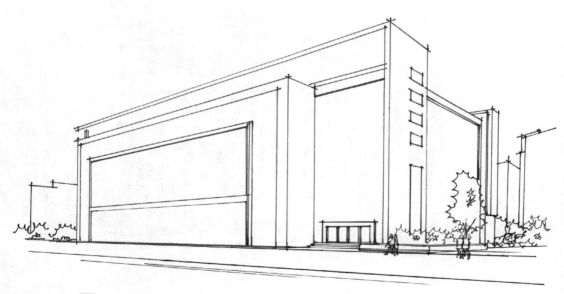

2

进一步完善建筑结构，画出建筑的门窗轮廓，然后进一步完善建筑配景。

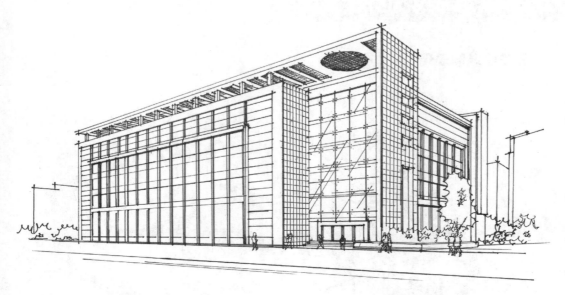

3

沿着建筑的结构画出建筑外部材质细节，表现出建筑的细节特点。

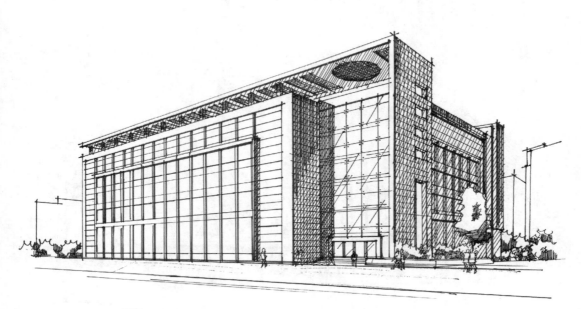

4

画出建筑和植物配景的暗部，将画面表现充分。

6.2 建筑表现范例

1. 简单建筑的表现

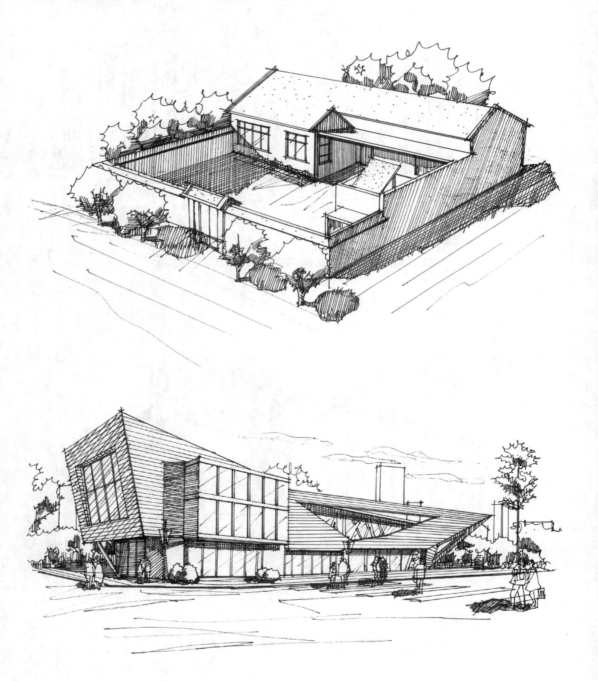

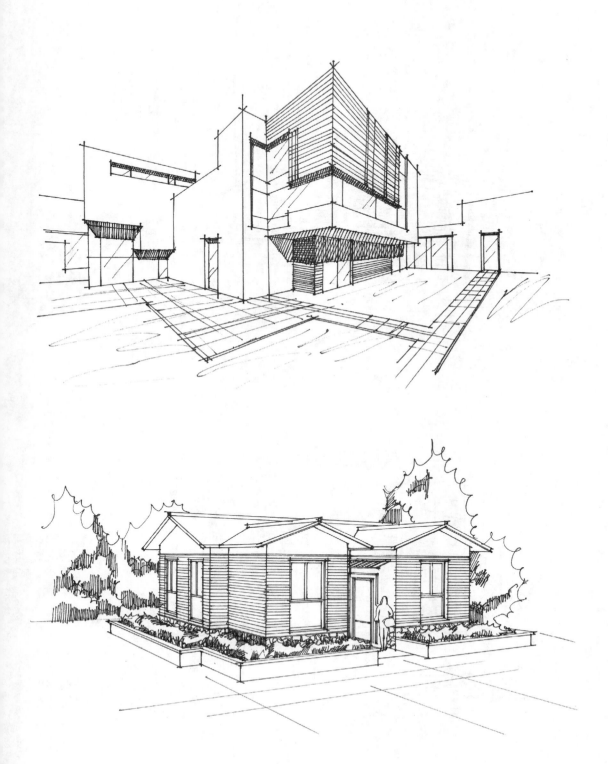

2. 复杂建筑的表现

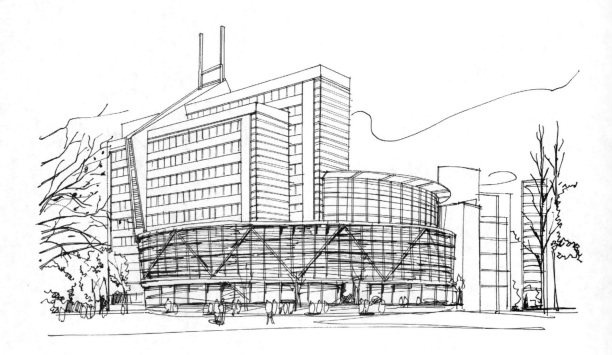

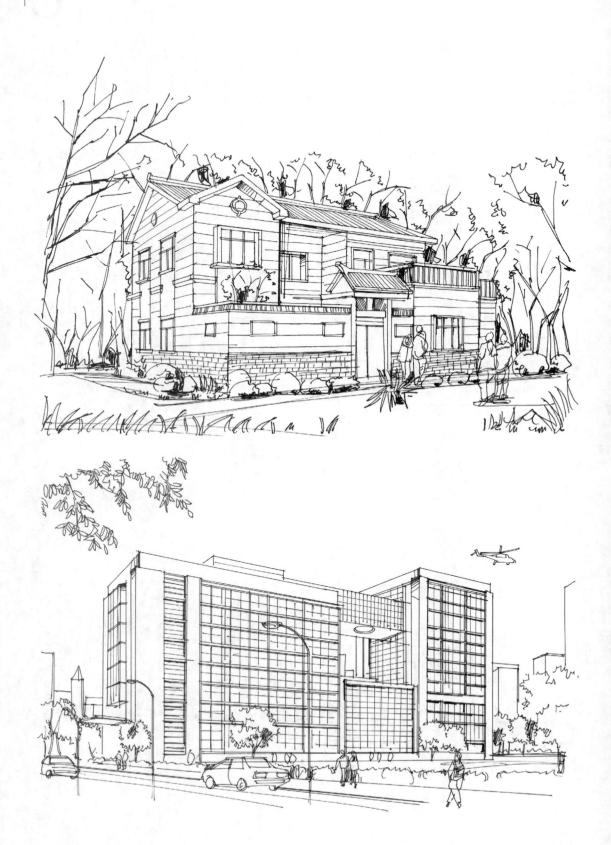

3. 高层建筑的表现

小技巧

　　大型的建筑表现起来要稍微复杂和费时，在表现的时候，要先将建筑的形体表现准确，然后画出建筑的外墙材料和门窗，接着画出建筑周围的环境。

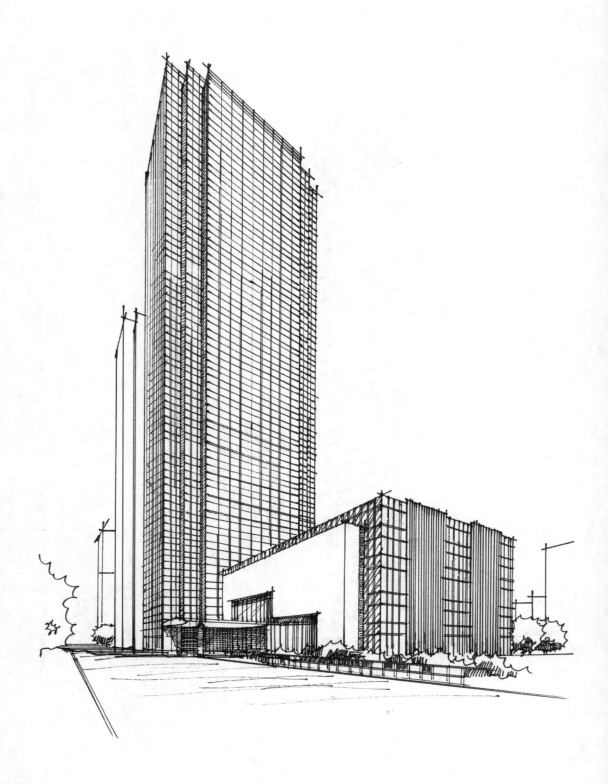

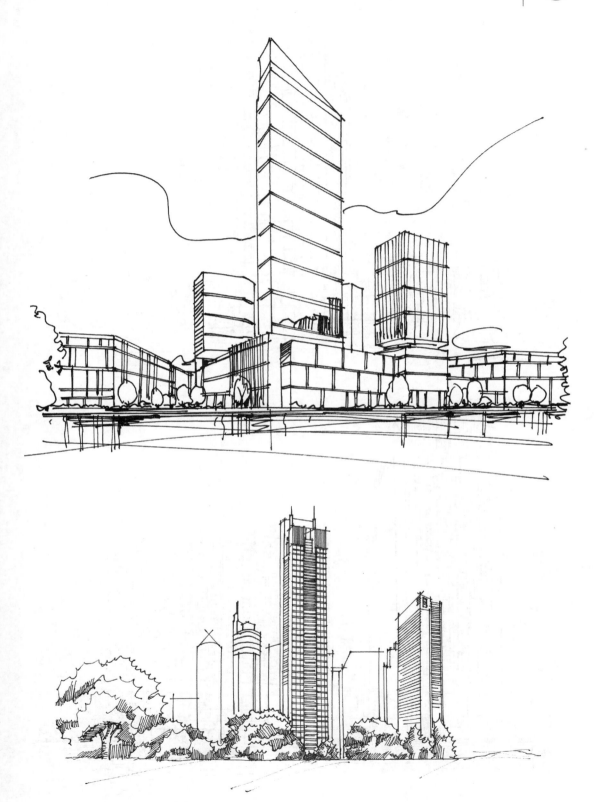

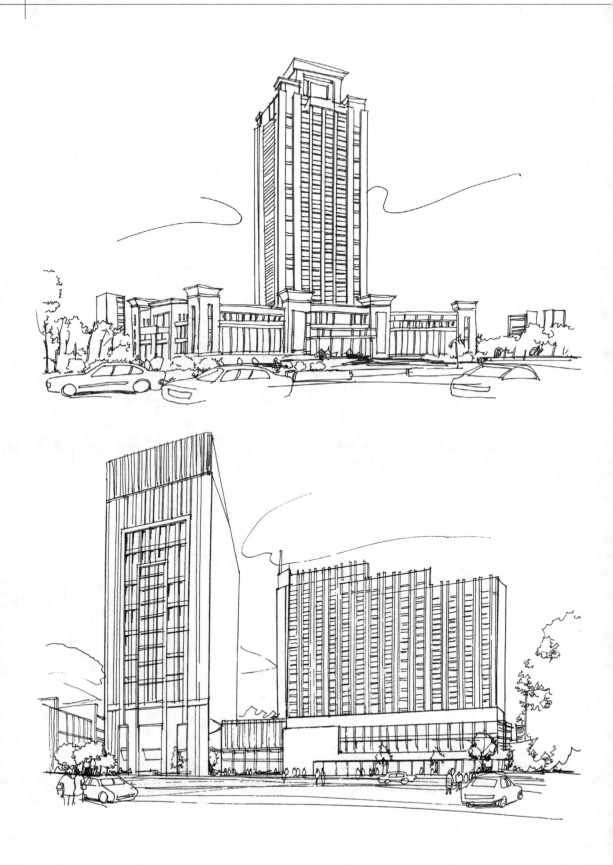

4. 步行街建筑的表现

EXERCISE 课后练习

1. 选择本章平房范例，然后按步骤进行临摹练习。
2. 选择本章二层建筑范例，然后按步骤进行临摹练习。
3. 选择本章别墅范例，然后按步骤进行临摹练习。
4. 选择本章住宅范例，然后进行临摹练习。
5. 选择本章高层楼体范例，然后进行临摹练习。
6. 选择一些建筑图片，然后用线表现出其建筑效果。

CHAPTER 7

建筑鸟瞰表现

鸟瞰建筑就是从空中俯视建筑，表现出建筑的透视效果，在实践中也常常见到。本章中我们练习画一些鸟瞰建筑，通过不同的视角来表现建筑，注意将建筑的透视表现准确。

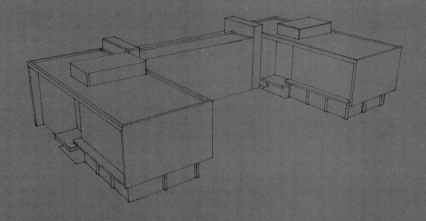

7.1 鸟瞰建筑的表现步骤

1. 组合楼体的表现

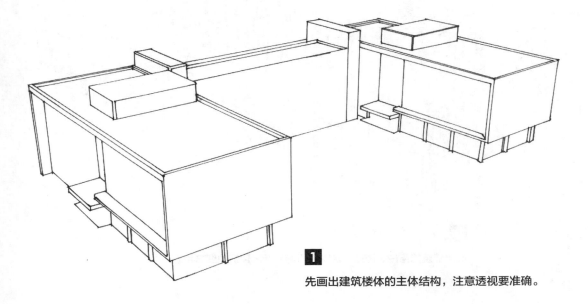

1

先画出建筑楼体的主体结构，注意透视要准确。

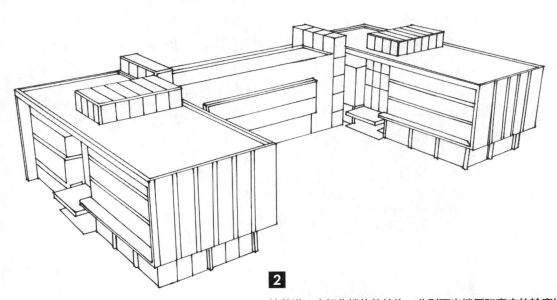

2

接着进一步细化楼体的结构，分别画出楼层和窗户的轮廓线。

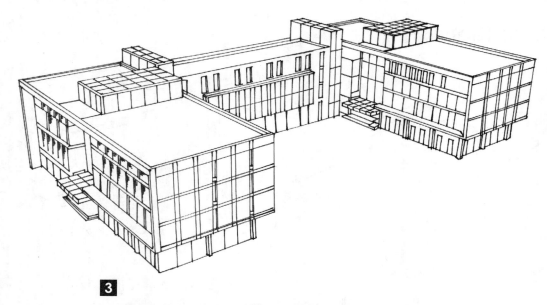

3

画出建筑的窗户、屋檐、台阶和门洞，标出建筑的细节特点。

4

先画出建筑周围的马路，然后沿着马路画出树木和汽车，将画面表现完整。

2. 多建筑鸟瞰表现

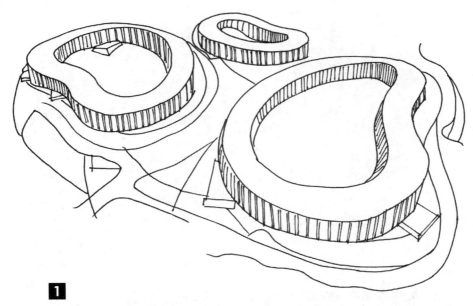

1

先画出环形建筑的外形，再勾勒出建筑周围地面的大体布局，然后在建筑的侧面画线。

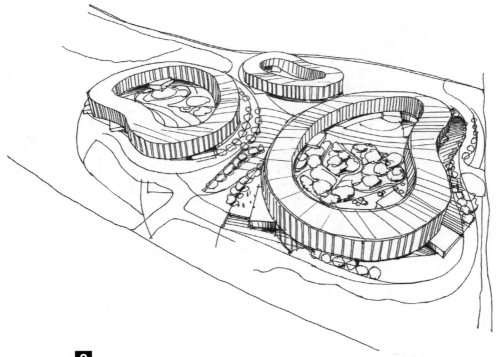

2

画出房子的窗户和墙面的细节，进一步表现出建筑的特点。

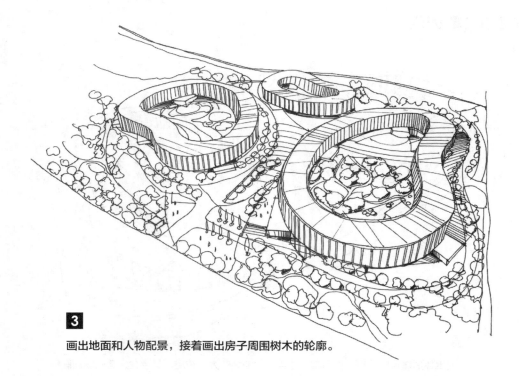

3

画出地面和人物配景，接着画出房子周围树木的轮廓。

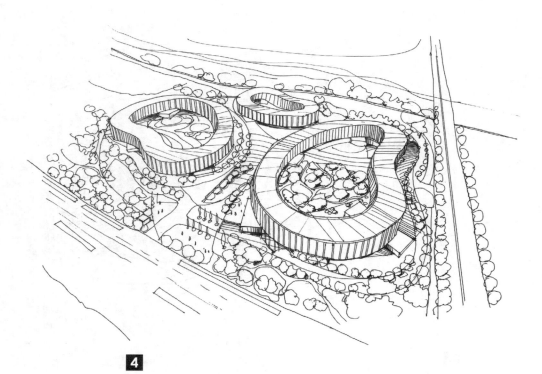

4

画出房子和周围树木的暗部，将建筑效果表现充分。

7.2 鸟瞰表现范例

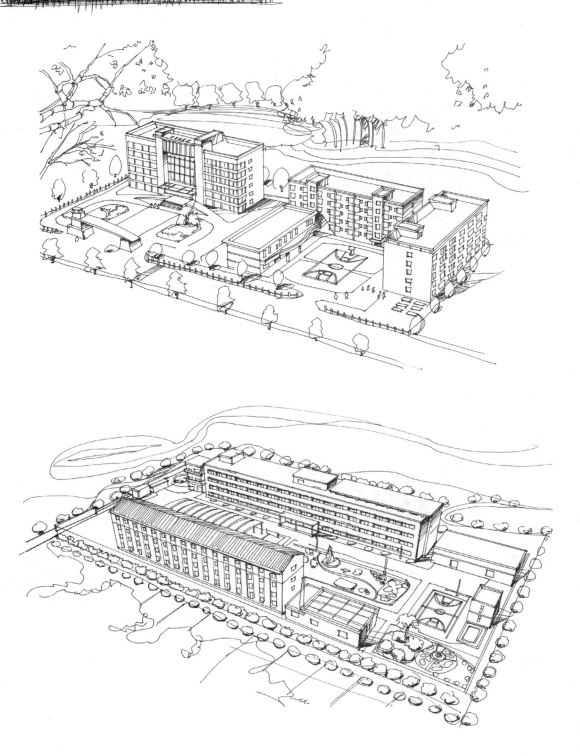

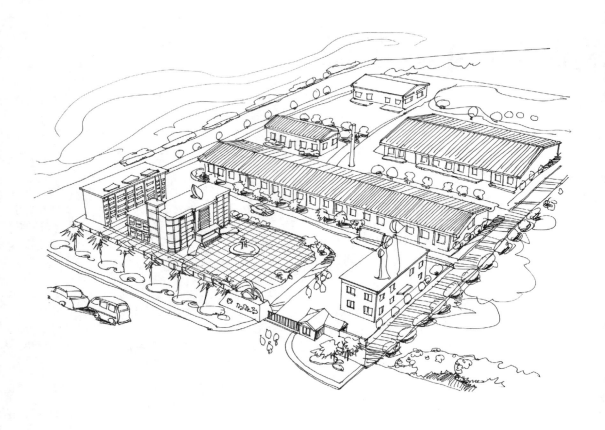

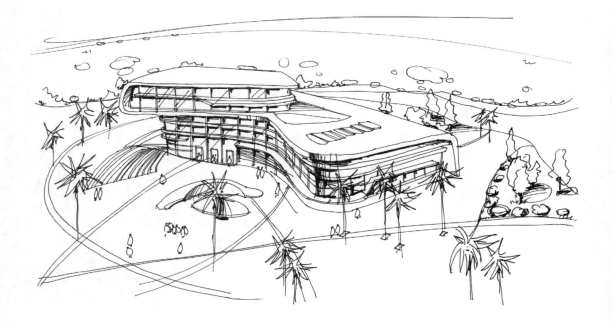

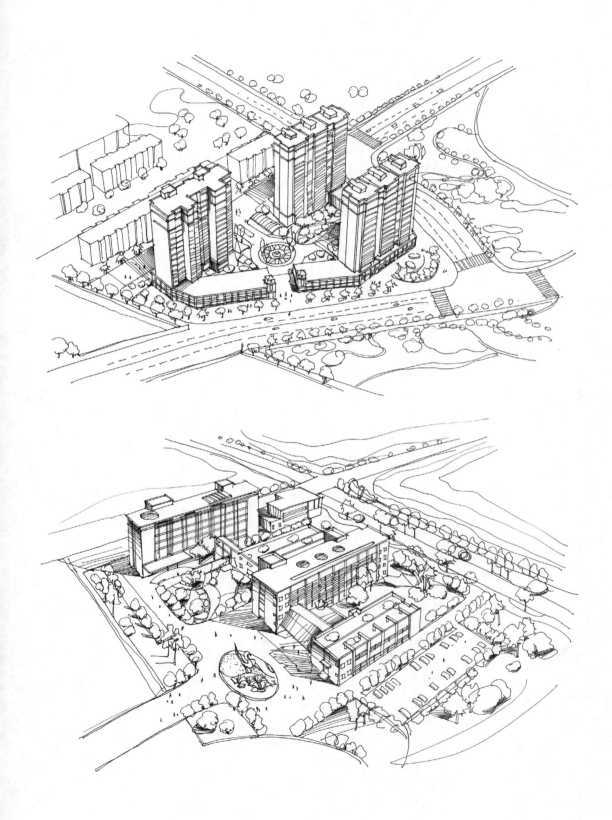

1. 选择本章楼体鸟瞰范例，然后按步骤进行临摹练习。
2. 选择本章环形建筑鸟瞰范例，然后按步骤进行临摹练习。
3. 选择本章鸟瞰范例，然后进行临摹练习。
4. 选择建筑鸟瞰图片，然后用线表现出鸟瞰效果。